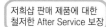

M4 vs. AK

HOBBY JAPAN MOOK　Arms MAGAZINE SPECIAL ISSUE

CONTENTS

이것만은 알아야 할
M4 & AK의 기초지식

M4시리즈의 역사와 특징과 분해방법 ············· 8
M16 / M4의 구조와 작동 ························· 10
라지 프레임 AR&스몰 프레임 AR ············· 12
AK시리즈의 역사와 특징과 분해방법 ············ 14
AK소총의 구조와 작동 ························· 16
AK의 바리에이션 ····························· 18
7.62×39mm탄과
5.45×39mm탄의 위력의 차이 ················· 20
AK시리즈의 조작방법 ························· 22

REALGUN M4 vs. AK
～현대AK, 현대M4～ ························· 24

Short Barreled M4 and AK
～M4 vs. AK SBR대결～ ····················· 42

REALGUN
M4 CARBINE SERIES LINE UP

MODERN OUTFITTERS MC5 ················· 48
AXTS MI-T556 ····························· 50

Noveske Gen.1 N4 Custom ················· 51
Larue Tactical PredatAR ··················· 52
FERFRANS SOARP ······················· 53
Knight's Armament SR-25E2 ACC M-LOK ··· 54
LaRue Tactical PredatAR .260Remington ····· 56
Patriot Ordnance Factory P308 ············· 57
M4 NEWMODEL in SHOTShow2018 ········· 58

REALGUN AK SERIES LINE UP

WASR 10 / 63UF～Romanian AKMS～ ······· 60
AK100 (SGL-31) ··························· 62
AK-TANTAL (WZ.88) ······················· 64
SLR-106F MODERNIZED CUSTOM ········· 66
KTR SPEED LOAD SYSTEM (KTR-08) ······· 70
KTR-09 ································· 72
MODERNIZED AK CUSTOM
by Mike Pannone ························· 74
THE AJ CUSTOM&AK74 ··················· 78
SAIGA Semiautomatic Rifle Custom
by Walter Jermakow ····················· 81

AIRGUN NEWMODEL REVIEW

도쿄 마루이 가스 블로우백 MTR16·················· 84
도쿄 마루이
차세대 전동건 HK416델타 커스텀 블랙 ············ 86
KSC 헤클러&코흐 HK416 ERG ···················· 87
KSC
가스 블로우백 헤클러&코흐HK417 ·················· 88
G&G아마먼트
CM16 SRL배틀쉽 그레이 ························ 89
ICS CXP-MMR카빈 401 ······················ 90
도쿄 마루이 차세대 전동건 AK74MN ············ 91

AIRSOFT M4 vs. AK

실총vs에어소프트 ······························ 93
차세대 전동건 ································· 94
표준형 전동건 ································· 96
가스 블로우백 ································· 98

KRYTAC
TRIDENT47 CRB

············ 100

AIRSOFT PICKUP

M4 시리즈

도쿄 마루이 ·································· 105
KSC ·· 108
웨스턴암스 / TOP ···························· 109
G&G아마먼트 ································ 110
KRYTAC ···································· 112
BOLT AIRSOFT ······························ 113
ICS / ARES ································· 114
킹 암스 ····································· 115
APS / 클래식 아미 ··························· 116
애로우 다이나믹 / ARES×EMG ·············· 117

AK 시리즈

도쿄 마루이 ·································· 118
KSC ·· 119
LCT에어소프트 ······························ 120
E&L ·· 122
GHK / 리얼소드 ···························· 124

애로우 다이나믹 ······························ 125
CYMA ······································ 126
G&G아마먼트 ································ 127

M4 vs.AK
AIRGUN CUSTOM FILE

AIRSOFT97
SPARK Industries Black Dragon Series ···· 128
AIRSOFT97
LCT AKS47 「리얼 웨더링」 커스텀 ··········· 130
AIRSOFT97
AKS7 4 URD 556커스텀 ···················· 131
M4커스텀 다크니스 썬더 ···················· 132
M4A1 MWS SBR버전 ························· 136
차세대 전동건
AK104 스페셜 포스 모디파이드 ············· 138
AK 「Sledgehammer」 ······················· 140
한국어판 스페셜: GBLS GDR-15················· 144

M4 & AK

이것만큼은 알아야 할

의기초지식

역사, 구조, 바리에이션…
이것을 읽으면 M4 와 AK 의 기초를 알 수 있다

총기의 세계에서 영원한 최대 라이벌, M4 와 AK. 많은 부분에서 전혀 다른 디자인과 구조를 가진 이 두 총은 탄생 이후 기본적인 구조는 변하지 않고 이어져 올 뿐 아니라 많은 다른 돌격 소총들에도 영향을 끼치고 있다. 여기서는 M4 와 AK 를 비교하기 전에 두 총의 역사나 구조, 특징에 대해 설명해볼까 한다.

M4의 베이스가 된 소총. M16은 1956년에 7.62NATO탄을 발사하는 경량 소총으로 개발된 AR-10에 의해 기본적인 틀이 잡혔다. AR-10은 항공기 메이커인 페어차일드사의 지사로 설립된 아말라이트가 총기 디자이너 유진 스토너(Eugene Stoner)를 영입, 항공기 회사의 주특기인 신소재 알루미늄 합금과 고강도 플라스틱을 사용한 소총의 개발을 지시한 것에서 시작되었다.

AR-10은 너무 선진적인 아이디어로 만들어진 탓에 상업적으로는 성공하지 못했지만, 곧 윈체스터사에서 개발중이던 당시 최신예의 .22구경 탄약을 사용하는 소총으로 개조하게 된다. 이것이 AR-15이다

AR-15는 군에서의 테스트 과정에 많은 문제도 발생했지만 가볍고 탄약 휴대량도 많은데다 총의 반동 제어도 쉽다는 점 등 많은 장점이 발견되었고, 콜트사에서 그 권리를 사들인 뒤 개량한 모델이 M16이라는 제식명을 얻어 미 공군의 기지 경비용 소총으로 채용된다. 그 뒤 우여곡절끝에 1967년에는 미군 전체의 제식 소총으로 배치되게 된다.

M16이 미군과 함께 베트남에서 AK47로 무장한 북베트남군과 직접 맞붙은 베트남전쟁에서는 탄두의 파워 부족, 발사 장약의 선택 실수나 높은 습도, 청소 부족에 의한 작동불량 등 많은 초기 불량에 시달렸다. 탄막을 펼쳐 싸우는 것을 선호하던 미군 병사들은 총도 가볍고 탄약 휴대량도 많은 M16이 가장 적합했다고 할 수 있다.

그 뒤 M16은 총열 및 약실 안에 크롬 도금을 추가하고 발사 장약의 변경, 노리쇠전진기 추가등의 개량을 거친 M16A1으로 진화하면서 더욱 신뢰성 높은 1선급 돌격소총으로 변모한다. 1980년대에는 사용탄두의 무게를 늘리고 강선도 이에 맞춰 개량한 더 굵은 총열의 채용, 가늠자 조정 방법 및 총열덮개, 권총손잡이, 개머리판등을 개량한 M16A2가 등장한다. 그리고 레이저나 플래시라이트, 스코프등의 액세서리 추가를 위한 피카티니 레일을 리시버 위와 핸드가드에 추가한 M16A3/M16A4도 개발되었으며 이것들을 더 짧게 한 M4카빈도 등장하게 된다.

위가 콜트 SP1(1974년제). 사진 아래의 총이 SR-15E3 CARBINE MOD2 M-LOK. 1960년대에 생산이 시작된, 오리지널 M16에 가장 가까운 민수 모델이 콜트 SP1이다. 이 두 정의 총은 기본적인 구조는 같지만 디테일이 다르다. 미군이 지난 50여년 사이에 경험한 실전에서의 피드백을 기초로 많은 개량이 이뤄졌기 때문이다.

M4 시리즈의 분해방법

TEXT&PHOTO : SHIN

슬립 링을 당겨 핸드가드 (총열덮개) 분리
※촬영 여건상 아래 핸드가드는 벗겨낸 상태지만 실제로는 슬립 링을 누르는게 힘들기 때문에 두 사람이 해야 하는 작업이다 .

탄두 끝 등을 이용해 테익다운 핀 (분해못) 을 왼쪽에서 끝까지 눌러 빼낸다 (핀이 총에서 분리되지는 않음). 이 상태에서 리시버를 분해할 수 있다 .

약실내에 탄이 들어있지 않은지 확인한다 .
※촬영 여건 때문에 탄 밀대가 없는 탄창을 삽입 . 실제로는 이 단계에서는 탄창을 넣지 않는다 .

리시버 피봇 핀 (상부 리시버 고정못) 을 탄두 끝 등으로 왼쪽에서 끝까지 눌러 뺀다 .

상하 리시버를 분리한다 .

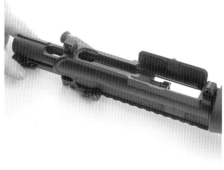

장전손잡이를 당겨 볼트캐리어 (노리쇠뭉치) 를 뽑는다 .

노리쇠뭉치를 총 밖으로 들어올려 꺼낸다 .

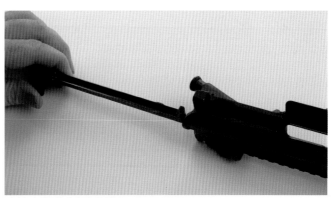

장전손잡이를 총에서 분리한다 .

완충기를 누르면서 완충기 고정핀을 탄두끝으로 누른다 .

개머리판 막대 안에서 버퍼 (완충기) 와 액션 스프링 (복좌용수철) 을 꺼낸다 .

M16/M4 의 구조와 작동

돌격소총 중에서도 명중률이 높은 축에 드는 M16/M4 등의 AR 계열 소총 .
다이렉트 임핀지먼트 (가스 직결식) 의 AR 소총은 어떻게 작동되는지 해설해보자 .
참고로 일러스트는 M16 의 것이지만 M4 도 내부구조와 작동순서는 동일하다 .

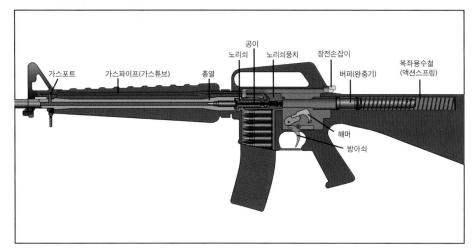

작동 메카니즘

왼쪽 그림은 사격준비를 끝낸 , 즉 방아쇠만 당기면 발사가능한 상태이다 . 조정간 겸 안전장치 레버나 풀 오토 시어 (연발자), 디스커넥터 (단발자) 는 생략되었다 .
AK 계열을 시작해 대부분의 군용소총이 채택한 일반적인 가스피스톤 방식과 달리 총열 위에 있는것은 빨대처럼 가느다란 가스튜브뿐 . 작동시에 앞뒤로 움직이는 부품은 거의가 총열 바로 뒤에 일직선으로 정렬되어 있다 . 이 때문에 AR 계열 소총들은 다른 자동소총들에 비해 명중률에 상당한 비교 우위를 가지고 있다고 할 수 있다 .

❶ 방아쇠를 당기면 해머가 공이를 때리고 그로 인해 뇌관이 격발된다 . 뇌관에 의해 발생한 불꽃은 탄피 안의 발사 장약을 점화 , 그것이 연소되면서 발생하는 고압 가스에 의해 탄두가 탄피로부터 분리되어 총열 안에서 가속하기 시작한다 .

❷ 탄두가 가스포트를 통과한 순간 . 가스포트에서 고압 가스의 일부가 가스튜브를 통과해 노리쇠뭉치 안으로 흘러들어간다 .

❸ 고압의 가스는 노리쇠뭉치와 노리쇠 사이에 흘러들어가 둘을 "찢어 갈라놓는"듯한 상황이 된다 . 노리쇠는 총열 뒤쪽에서 폐쇄(결합)되어 더 이상 전진하지 않으므로 노리쇠뭉치만 후퇴하게 되고 , 이로 인한 캠 작동에 의해 노리쇠가 회전하면서 노리쇠와 약실간의 결합도 해제된다 .

❹ 가스 압력에 의해 노리쇠뭉치와 노리쇠가 완충기를 밀며 후퇴 . 완충기는 복좌 용수철을 압축하면서 후퇴한다 . 노리쇠뭉치에 의해 이 때 해머(공이치기)도 뒤로 젖혀진다 .

❺ 노리쇠가 맨 뒤까지 후퇴한 상태 . 탄피가 배출되고 탄창 안에서는 다음 탄이 위로 올라간다 .

❻ 복좌용수철이 다시 펴지면서 이에 밀린 완충기가 전진 , 그에 의해 노리쇠뭉치도 전진하고 이 때 노리쇠가 탄창의 맨 위에 있는 탄을 밀어서 뽑아내며 약실 안으로 장전한다 .

❼ 노리쇠의 끝이 총열의 뒤에 들어가면 노리쇠뭉치가 더욱 전진하면서 캠 작용에 의해 노리쇠가 회전 , 총열 뒷부분에서 폐쇄된다 .

M16의 노리쇠뭉치+노리쇠 . 내부는 거의 비어있는 상태 이므로 AK의 노리쇠뭉치에 비해 훨씬 가볍고 소형으로 완성되었다 .

방아쇠&시어 메카니즘

풀 오토 (연발)

① 다음은 방아쇠와 시어의 움직임을 해설. 안전장치 겸 조정간의 축은 반달모양의 단면을 가지고 있어 연발 위치에서는 디스커넥트 시어의 후방을 위에서 밀어주는 식으로 작동한다.

② 방아쇠를 당기면 해머가 풀리면서 스프링의 힘에 의해 전진, 뇌관을 때려 격발이 이뤄진다.

③ 노리쇠와 노리쇠뭉치가 후퇴. 해머가 눕혀지면 동시에 풀 오토 시어(그림에서는 시계 방향으로)가 회전한다.

④ 노리쇠와 노리쇠뭉치가 끝까지 완전히 후퇴. 탄피가 배출된다.

⑤ 노리쇠와 노리쇠뭉치가 맨 뒤까지 후퇴한 모습. 탄창 안에서 다음 탄이 올라와 있다.

⑥ 노리쇠와 노리쇠뭉치가 전진, 탄창 맨 위의 탄이 약실로 밀려들어가 장전된다.

⑦ 노리쇠뭉치가 전진해 해머에서 떨어지기는 하지만 해머 위에 있는 돌기가 풀오토 시어에 걸리므로 해머는 코킹된(후퇴한) 상태를 유지하게 된다.

⑧ 노리쇠가 완전히 폐쇄되기(닫히기) 직전 상태. 노리쇠뭉치 아래가 풀오토 시어에 닿는다.

⑨ 약실이 완전히 폐쇄된 순간, 노리쇠뭉치 뒤에 닿은 풀오토 시어(그림을 보면 반시계 방향으로)가 회전한다. 풀오토 시어에서 풀려난 해머가 전진하면서 격발, 막 약실에 장전된 탄이 발사되면서 그림 **②**의 순서로 돌아간다.

세미 오토 (단발)

① 다음은 단발(반자동)의 원리. 안전장치 겸 조정간을 단발쪽으로 돌리면 디스커넥트 시어(단발자)를 누르고 있던 축이 멀어지면서 그 대신 풀오토 시어가 움직이지 않게 눌리는 상태가 된다.

② 방아쇠를 당기면 해머가 전진, 격발이 이뤄지면서 발사된다. 완전자동 때와 달리 디스커넥트 시어와 방아쇠가 연동되어 회전하는 것을 알 수 있다.

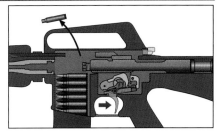

③ 노리쇠와 노리쇠뭉치가 후퇴해 해머가 뒤로 젖혀지면서 해머 가운데쯤의 돌기부가 디스커넥트 시어에 닿는다.

④ 디스커넥트 시어와 해머는 스프링과 닿아있다. 해머는 디스커넥트 시어를 누르면서 피하듯 그 아래쪽으로 밀려들어간다.

⑤ 노리쇠/노리쇠뭉치가 전진, 약실이 폐쇄된 상태. 방아쇠는 당겨진 상태 그대로이지만 해머는 디스커넥트 시어에 의해 젖혀진 채 붙잡혀 있다.

⑥ 방아쇠를 놓으면 해머는 디스커넥트 시어로부터 떨어지지만, 그 직후에 방아쇠/시어 끝이 해머에 걸리는 상태로 멈추면서 **①**과 같은 상태로 되돌아 간다.

M4 시리즈의 기초지식

TEXT&PHOTO : SHIN

「라지 프레임 AR & 스몰 프레임 AR」

SR-25E2 ACC(16인치 총열, 위쪽)과 SR-15E3 Carbine Mod2(14.5인치 총열, 아래)

M4의 프레임 사이즈는 M4나 AR15계열의 「스몰 프레임 AR」과 그보다 한둘레 더 큰 AR -10계열의 「라지 프레임 AR」의 두가지 종류가 존재한다.

「라지 프레임」은 7.62×51㎜ NATO탄을 사용하는 배틀라이플로 개발되었다. 그리고 AR10을 베이스로 한 둘레 더 작게 만들어 소구경 고속 탄인 5.56×45㎜탄을 사용하는 돌격소총으로서 소형화 한 총이 AR15, 즉 현재의 M4의 원조이다. 현재도 여러 업체들에서 라지 프레임 AR과 스몰 프레임 AR을 한 쌍으로 함께 개발하는 경우가 많다. 예를 들면 HK의 HK416(스몰 프레임 AR)과 HK417(라지

프레임 AR)같은 경우다. 에어소프트에서도 이 두가지 다른 사이즈의 AR플랫폼이 많이 재현 되므로 선택과 커스터마이징의 폭이 매우

넓어졌다. 여기서는 나이츠 SR-15(스몰 프레임)과 SR-25(라지 프레임)의 두 가지가 어떻게 다른지 한번 살펴보자.

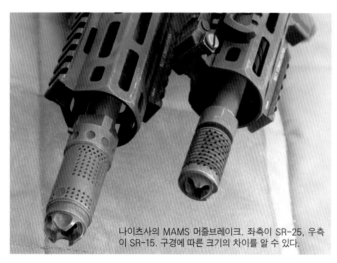

나이츠사의 MAMS 머즐브레이크. 좌측이 SR-25, 우측이 SR-15. 구경에 따른 크기의 차이를 알 수 있다.

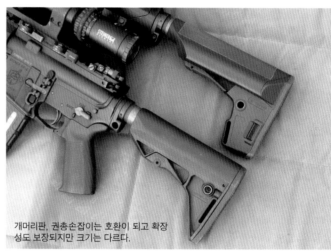

개머리판, 권총손잡이는 호환이 되고 확장성도 보장되지만 크기는 다르다.

핸드가드는 M-LOK을 이용한 확장 플랫폼으로 디자인되었다. 라지 프레임 AR인 SR-25쪽이 더 굵다.

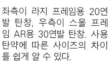

좌측이 7.62×51㎜ NATO탄, 우측이 5.56×45㎜ NATO탄. 사용되는 탄약의 사이즈에 맞춰 두 종류의 소총이 설계된 것으로, 이 탄약의 존재로 인해 소형 경량이라 취급도 쉬운 AR15라는 플랫폼이 탄생할 수 있었다.

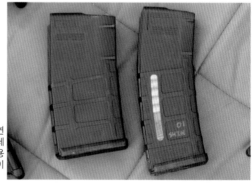

좌측이 라지 프레임용 20연발 탄창, 우측이 스몰 프레임 AR용 30연발 탄창. 사용 탄약에 따른 사이즈의 차이를 쉽게 알 수 있다.

상부 리시버의 사이즈 비교, 같은 디자인이지만 리시버, 핸드 가드의 사이즈가 다른 것을 알 수 있다.

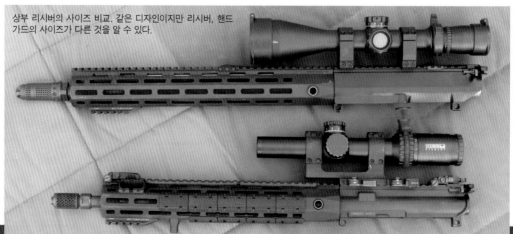

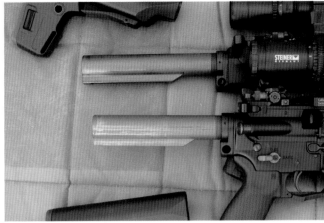

하부 리시버의 사이즈 비교. 탄창뿐 아니라 탄창을 받아들이는 하부 리시버의 사이즈도 다른 것을 알 수 있다.

버퍼 튜브(스톡봉)은 라지 프레임 AR이 길다. 노리쇠뭉치가 길기 때문에 그만큼 왕복에 필요한 거리가 더 길게 필요하기 때문이다.

라지 프레임 AR과 스몰 프레임 AR은 모양은 비슷해도 노리쇠멈치, 탄창 멈치, 조정간 등 조작에 필요한 부품들이 각각 다르게 만들어졌다. 하지만 조작 방법은 같기 때문에 서로 바꿔 써도 위화감 없이 조작하는 것이 가능하다.

SR-25E2 ACC(16인치 총열, 위쪽)과 SR-15E3 Carbine Mod2(14.5인치 총열, 아래)

격발기구(트리거 메카니즘) 구성은 같지만 크기가 다르기 때문에 부품 호환성이 없다.

SR-15E3 사격. 5.56㎜ NATO탄은 원래 반동이 낮은 편이고, 또 MAMS머즐 브레이크의 효과도 높아 반동이 아주 낮아졌다. 가볍고 취급이 편한데다 높은 모듈화 설계가 되어있는 AR15의 최신 모델이기도 하다.

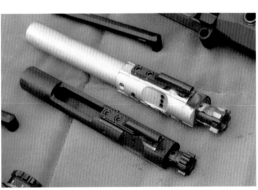

노리쇠뭉치의 비교. SR-25는 하드 크롬 도금이 되어있다. 작동방식, 부품의 형태도 같지만 사이즈가 달라 부품 호환성이 없다.

옵셋 아이언 사이트(경사 설치된 가늠자/가늠쇠)로 근거리 속사를 실시. SR-25E2는 근거리부터 중거리까지 커버 가능한 2중목적 소총으로 개발되었다. 스몰 프레임 AR보다 두 둘레쯤 더 크지만 7.62×51㎜ NATO탄의 강력한 파워는 믿음직스럽다.

노리쇠 부분의 사이즈 비교. 라지 프레임 AR인 SR-25의 브리치(노리쇠 중앙부)사이즈가 7.62×51㎜탄에 맞게 큼직하다.

꾸준히 이어지는
칼라시니코프 라이플

설계자인 미하일 칼라시니코프 장군(구 소련군/현 러시아군)의 이름을 딴「칼라시니코프 라이플」이라는 호칭으로도 유명한 AK(아브토마트 칼라시니코바: Avtomat Kalashinikova=칼라시니코프 돌격총)소총. 발사 가스를 이용하는 가스압 작동방식에 회전 노리쇠 폐쇄방식의 표준적인 구조를 채용하는 이 총은 1947년에 등장한 뒤 공산권 국가들의 주력 보병 소총으로서 제조공정의 변경, 소구경화등의 개량을 거쳐왔지만 기본 구조는 바뀌지 않은 채 이어졌고, 지금은 생산된 숫자나 사용되는 지역등에서 타의 추종을 불허하는 기록을 자랑한다. 또한 AK시리즈는 돌격소총이라는 병기의 카테고리를 구축한 최초의 성공적인 총기라는 점에서 주목해야 한다.

AK가 처음 실전에 데뷔한 것은 베트남 전쟁(1960~1975)였다. 중국과 소련의 지원을 받은 북베트남군은 1943년에 소련이 개발한 7.62×39㎜탄약과 그것을 사용하는 SKS및 AK47로 무장해서 냉전 최대의 무력충돌중 하나인 베트남 전쟁에서 승리를 거두었다.

특히 AK47은 길이가 짧고 당시의 기준으로는 가벼운 축에 드는데다 30연발 탄창을 사용하며 완전자동시의 콘트롤도 당시 기준으로는 나름 용이한 편이었기 때문에 미군의 M14소총에는 이길 수 있는 능력을 발휘했다. 특히 이 총에 사용된 7.62×39㎜ 탄약은 반동의 수준과 위력의 밸런스가 잘 잡힌 우수한 탄약으로 알려지면서 AK47의 높은 생산성 및 내구성과 함께 세계 각국의 분쟁지역에서 사용되는 베스트 셀러 탄약으로 자리잡게 된다.

AK시리즈는 구 바르샤바 조약기구에 속한 동유럽 각국에서 최초로 채용되었다. 동독, 폴란드, 헝가리, 유고슬라비아, 루마니아를 필두로 중국, 북한등에서도 생산이 이뤄지면서 공산권에서는 표준적인 돌격소총이 되었다.

1959년에는 가공 공정을 단순화해 생산성을 줄이고 소모 물자를 절약하기 위해 프레스 공정으로 리시버를 제작한 AKM이 탄생했고, 그 뒤 5.45×39㎜ 탄약으로 소구경화를 이룬 버전인 AK74가 개발되었다.

킬라시니코프가 AK47을 설계할 때 참고했다고 알려진 나치 독일의 StG44(위)와 AKM. 탄약 형태, 제조 방법, 레이아웃, 컨셉등 여러 면에서 비슷한 점이 많다.

AK47→AKM →AK74로의 흐름이 소련의 공식적인 역사라 하겠지만, 세계 각국에서 생산된 AK시리즈는 각국의 상황에 따라 무수히 많은 바리에이션을 낳게 된다.

1974년에 AK47의 후계자로 채용된 것이 바로 AK74이다. 이 두 종류의 총은 매우 비슷한 외관을 가지고 있으며 성능의 차이를 눈으로 보고 판단하는 것은 불가능하다. AK47과 AK74의 가장 큰 차이는 사용탄약에 있다. AK47에는 7.62×39㎜ 탄약이, AK74에는 5.45×39㎜ 탄약이 사용된다.

탄약은 일반적으로 구경(탄두의 지름)×탄피의 길이라는 식으로 표시된다. 즉 AK47은 7.62㎜로 5.45㎜보다 구경이 굵지만 탄피의 길이 자체는 같은 것을 알 수 있다.

AK74가 사용하는 5.45×39㎜ 소구경탄은 가벼운 만큼 병사들이 보다 많은 탄약을 휴대할 수 있으며 반동도 극적으로 줄어들었다. 연사시의 명중률도 높아졌고, 소구경탄이라 탄속이 빠르고 공기 저항이 적어 AK47의 7.62㎜탄에 비해 300m에서의 낙차가 상당히 적은 평탄한 탄도를 그린다. 소구경-경량화로 인해 운동에너지는 줄었지만, 그 대신 탄두가 부드러운 물체(인체)에 부딪히면 균형을 잃고 몸 안에서 텀블링하면서 큰 상체를 입히는「요잉」현상으로 살상력을 확보하고 있다. 또한 AK74에는 바리에이션으로 접절식 개머리판을 갖춘 AKS-74, AKS-74를 더욱 짧게 줄인 AKS-74U, 근대화 개량형으로 현재 러시아군의 주력 소총으로 사용되는 AK74M등이 있다.

AK 시리즈의 분해방법

TEXT&PHOTO : SHIN

탄창을 제거한 뒤 약실이 비었는지 확인하고 리시버 뒤의 고정멈치를 누르면서 리시버 커버를 제거한다.

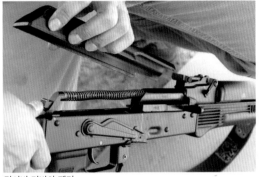

리시버 커버의 제거.

리코일 스프링 가이드(복좌 용수철 가이드)를 눌러 리시버에서 떼어낸다.

노리쇠뭉치를 리시버 뒤쪽까지 당긴 뒤 위로 들어올려 떼어낸다.

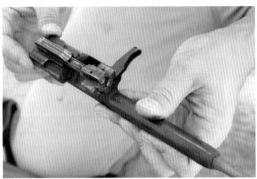

노리쇠를 왼쪽으로 돌려 노리쇠뭉치에서 떼어낸다.

가스튜브 레버를 조작해 가스튜브를 리시버로부터 떼어낸다.

야전 기본분해를 끝난 상태. 이 상태에서 더러워진 부분을 닦아내고 윤활유를 바르면 된다.

리시버 커버와 가스튜브까지 떼어낸 상태. 속이 빤히 보이는 이 상태에서도 사격에 영향이 없다.

가스피스톤이 발사 가스에 의해 후퇴, 노리쇠가 밀려나는 순간.

AK 소총의 구조와 작동

전 세계에서 사용되며 아열대의 정글부터 사막지대까지 어디서도 작동불량이 없다는 AK.
롱 스트로크 피스톤을 사용하는 AK 의 내부구조는 도대체 어떻게 되어있을까.
여기서는 일러스트를 통해 구조와 작동 순서를 해설해보자.

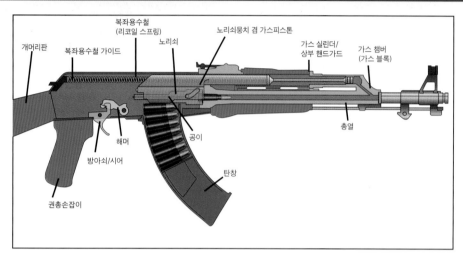

개머리판　복좌용수철 가이드　복좌용수철 (리코일 스프링)　노리쇠　노리쇠뭉치 겸 가스피스톤　가스 실린더/ 상부 핸드가드　가스 챔버 (가스 블록)

해머　공이　총열

방아쇠/시어

권총손잡이　탄창

작동 메카니즘

왼쪽의 일러스트는 사격준비가 끝나서 방아쇠만 당기면 발사가 가능한 상태다. 조정간 겸 안전장치 레버나 풀 오토 시어, 디스커넥터는 생략되어있다. AK 의 스타일에 큰 비중을 차지하는 리시버 커버 안쪽에는 긴 리코일 스프링 (복좌 용수철) 절반 외에는 아무것도 들어있지 않은, 그야말로 껍질 수준에 불과하다. 탄을 발사하면 그 공간에 거대한 노리쇠 뭉치 (볼트 캐리어) 가 후퇴하고 전진한다.

※오리지널 부품명칭은 러시아어로 되어있지만, 이 기사에서는 우리나라 및 영어권에서 일반적으로 사용하는 호칭을 기준 으로 표기했다.

탄두

❶ 방아쇠를 당기면 해머가 공이를 때려 뇌관이 격발된다. 뇌관에 의해 발생한 불꽃은 탄피 안에 있는 화약(발사 장약)을 점화시키고, 이로 인해 연소된 발사 장약으로부터 발생하는 고압 가스에 밀려 탄두가 탄피로부터 튀어나가 총열 안에서 가속되기 시작한다.

가스포트

❷ 탄두가 가스포트를 통과한 순간. 가스포트를 통해 총열에 차 있는 고압 가스의 일부가 총열 위에 고정된 실린더 안으로 흘러 들어간다.

❸ 가스의 압력에 의해 가스피스톤이 후퇴하기 시작한다. 가스피스톤은 긴 로드(막대)에 의해 노리쇠뭉치와 한 덩어리로 되어있으므로 노리쇠뭉치도 자연스레 함께 후퇴하게 된다. 캠 작용에 의해 노리쇠가 회전하면서 노리쇠와 총열 뒤쪽의 결합(폐쇄)도 풀리게 된다.

❹ 가스 압력에 의해 노리쇠뭉치와 노리쇠(볼트)가 복좌용수철을 압축하면서 더욱 후퇴하게 된다. 노리쇠뭉치에 의해 해머(공이치기)도 뒤로 젖혀진다.

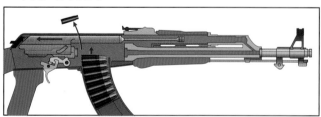

❺ 노리쇠뭉치가 맨 뒤까지 후퇴한 상태. 탄피가 배출되고, 탄창 안에서는 다음 탄이 맨 위로 올라오게 된다.

❻ 복좌용수철에 의해 노리쇠뭉치가 전진한다. 탄창 맨 위에 있는 탄이 노리쇠에 밀려 약실 안으로 밀려 들어가 장전되기 시작한다.

❼ 노리쇠의 맨 끝이 총열 뒤쪽에 맞물려 닫힌 뒤, 노리쇠뭉치가 더욱 전진하면서 노리쇠가 회전해 노리쇠 앞부분과 총열 뒤쪽의 폐쇄가 이뤄진다.

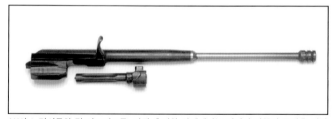

AK의 노리쇠뭉치 겸 가스피스톤. 가장 후퇴한 상태에서는 리시버 안쪽의 공간을 거의 꽉 채울 정도로 거대하다. 물론 무게도 만만치 않다.

방아쇠&시어 메카니즘

풀 오토 (연발)

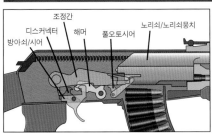

조정간
디스커넥터 / 해머 / 풀오토시어
방아쇠/시어 / 노리쇠/노리쇠뭉치

❶ 다음은 방아쇠와 시어의 움직임을 해설한다. 먼저 완전자동(연발)부터. 안전장치 레버(조정간 겸)을 가운데로 내리면 해머의 움직임을 막고 있던 돌기가 약간 후퇴하면서 디스커넥터 뒤쪽에 걸리는 상황이 연출된다.

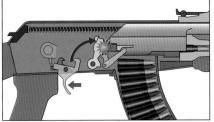

❷ 방아쇠를 당기면 해머가 풀리면서 강하게 전진, 공이를 때려 뇌관을 타격한다. 디스커넥터는 안전 레버에 억눌려있는 상황이므로 회전하지 않는다. 참고로 그림의 안전 레버는 밑둥 부분 이외에는 투명하게 그려져 있다.

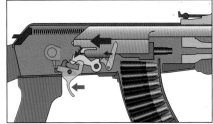

❸ 노리쇠와 노리쇠뭉치가 후퇴, 해머를 뒤로 젖히는 동시에 풀오토 시어(그림에서는 반시계 방향으로 회전)을 회전시킨다.

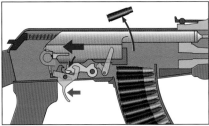

❹ 노리쇠 및 노리쇠뭉치가 더욱 후퇴, 탄피를 밖으로 배출시킨다.

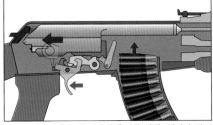

❺ 노리쇠뭉치가 맨 뒤까지 후퇴한 상태. 탄피가 밖으로 배출되고, 탄창 안에서는 다음 탄이 맨 위로 올라오게 된다.

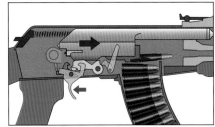

❻ 노리쇠와 노리쇠뭉치가 전진한다. 탄창 맨 위에 있는 탄이 장전되기 시작한다.

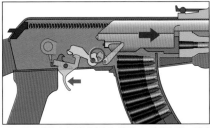

❼ 완전폐쇄되기 일보직전의 상태. 노리쇠뭉치는 이미 해머에서 떨어져 있지만 풀오토 시어가 해머에 걸려 있기 때문에 해머는 뒤로 후퇴한(코킹된) 상태 그대로 유지되고 있다.

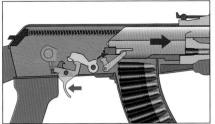

❽ 노리쇠뭉치가 더욱 전진하게 되면 약실이 폐쇄되고 풀오토 시어가 노리쇠뭉치 측면의 돌기에 의해 (그림에서는 시계방향으로) 회전하면서 해머의 고정이 풀리게 된다.

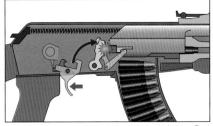

❾ 해머가 풀리면서 전진해 격발이 이뤄지고 ❷의 상태로 되돌아간다. 이렇게 해서 약실이 폐쇄되는 동시에 해머가 자동적으로 전진하는 과정을 통해 방아쇠를 계속 당기고 있는 한 연속적으로 탄이 발사되는 것이 연발(풀오토)의 원리이다.

세미 오토 (단발)

❶ 다음은 반자동의 원리. 안전 레버(조정간 겸)을 맨 아래로 내리면 돌기가 디스커넥터로부터 떨어지면서 디스커넥터는 방아쇠와 연동해서 자유롭게 움직이는 것이 가능해진다.

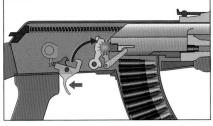

❷ 방아쇠를 당기면 해머가 전진, 격발이 이뤄지며 발사된다. 연발일 때와 달리 디스커넥터가 방아쇠와 연동되어 회전하는 것을 알 수 있다.

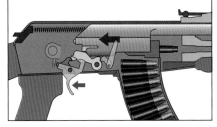

❸ 노리쇠와 노리쇠뭉치가 후퇴, 해머 상부에 있는 돌기가 디스커넥터에 닿는다.

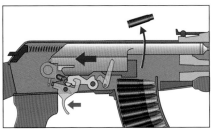

❹ 디스커넥터와 해머는 스프링으로 연계되어 있다. 해머는 디스커넥터를 누르듯 하면서 그 아래쪽으로 내려가게 된다.

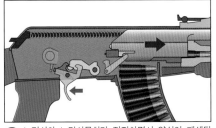

❺ 노리쇠와 노리쇠뭉치가 전진하면서 약실이 폐쇄된다. 방아쇠는 계속 당겨지고 있는 상태이지만 해머는 디스커넥터에 의해 붙들려 있다.

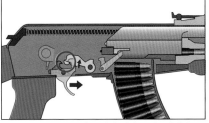

❻ 방아쇠에서 손가락을 떼면 해머는 디스커넥터로부터 풀려나지만, 그 직후에 방아쇠 위에 있는 시어에 걸리면서 멈춰 ❶의 상태로 돌아간다.

AK시리즈

공산권에서 생산된 돌격소총

통틀어서 'AK 소총'이라 불리고는 있으나 그 종류는 한없이 많다. 총열의 길이나 구경이 다른 변종은 물론 바르샤바 조약기구 가맹국 및 동구권의 여러 나라가 제각각의 독자적인 AK를 제조하였기 때문이다. 여기에서는 그 가운데 중요한 것 몇가지를 소개한다.

※사진은 모두 무가동실총 및 에어소프트건

AK47 TYPE II

AK시리즈 가운데 가장 먼저 생산된 모델은 생산성을 고려하여 몸통을 프레스로 제조한 것(AK47 TYPE I)이었다. 그러나 이것이 만들어질 당시의 소련은 프레스 가공기술이 부족하다 보니 리시버의 강도부족 등의 문제가 발생함에 따라 다시 절삭가공에 의한 몸통을 사용하게 되었다. 이 시기에 생산된 것을 AK47 TYPE II라 한다. 이 TYPE II는 몸통과 개머리판 사이에 금속제 블록이 위치하는 것이 특징.

AK47 TYPE III

AK47 가운데 가장 흔하게 눈에 뜨이는 것이 TYPE III라 불리우는 것으로, 아래몸통에 직접 개머리판이 나사로 고정되어 있고, 탄피배출구 주변의 형상도 약간 차이가 있다. 7.62×39mm탄을 사용하는 러시아제 AK47 가운데 가장 생산된 수량이 많을 뿐 아니라 여러 바르샤바 조약기구 가맹국가에서 라이센스 생산된 기종이기도 하여 현재 남아있는 숫자도 많다.

AKM

몸통(리시버)을 프레스가공을 통해 만들려는 시도가 AK47 TYPE I에서 실패한 바 있지만, AK47이 개발된 지 10년이 지난 1957년에 다시 시도되어 성공, 1959년에 정식으로 AKM으로서 채용되었다. 무게가 약 1kg이나 가벼워져서 약 3.3kg이 되었고, 개머리판은 총열 축선과 거의 직선을 이루도록 개량되었다. 총구의 소염기 역시 오른쪽 위를 바라보는 방향으로 비스듬히 잘린 것이 AKM의 특징이다. 윗몸통에는 리브가 새겨졌고 목제 총열덮개는 손아귀에 잡히기 좋은 모양이 되었다. 현재 전 세계에서 사용되고 있는 AK는 AKM과 그 라이센스 생산품, 무단복제품등으로, AK47보다 훨씬 많다.

AKMS

경량화된 AKM에 접절식 개머리판을 장착한 것이 AKMS이다. 주로 공수부대 및 산악부대, 전차부대, 그리고 KGB등이 사용하였다. 이 개머리판은 철판을 프레스 가공한 것으로, 잠금장치를 통해 사격시에도 덜렁거리지 않고 튼튼한 견착이 가능하다. 탄창이 결합된 상태에서도 개머리판을 접거나 펼 수 있도록 어깨받이 부분의 각도를 조정할 수 있다.

AK74

AK47에 사용되던 7.62×39mm탄은 돌격소총을 위한 우수한 탄약이긴 하나 반동이 강하고 탄도특성이 좋지 않아 다루기 쉽지 않았다. 60년대 후반 미국 등 서방국가가 5.56mm탄 등 소구경 소총탄을 채용하는 등에 대항하고자 5.45×39mm탄이 개발되어 소련의 제식소총도 이를 사용하는 AK74가 되었다. 소염기 및 가스블록의 모양새는 변했으나 실루엣은 AK47 및 AKM과 비슷하기 때문에, 어두운 곳 등에서도 촉감만으로 AKM과 구분할 수 있도록 AK74시리즈의 개머리판에는 홈이 파여 있다.

AK74를 소형화한 것. 일반적으로 돌격소총의 총열을 짧게 만들면 작동불량이 일어나기 쉽거나 총구화염이 지나치게 커지는 문제가 발생하기 쉬운데, 이러한 문제를 해결하고자 그스블록의 위치를 뒷쪽으로 이동시키고 새로 설계된 소염기를 탑재하였다. 또한 리시버 커버가 리시버와 힌지(경첩)로 연결된 것이 특징이다. 오사마 빈 라덴이 언제나 휴대하고 다녀 화제가 되기도 했다.

AKS74U

AKM은 동독에서도 라이센스 생산되었는데, 제조원가를 낮추기 위해 개머리판과 권총손잡이 등에 플라스틱을 사용한 것이 특징이다. 또한 야광 도료를 사용한 야간용 가늠쇠/가늠자가 설치되어 있다. 이것은 위로 세우기만 하면 간단하게 주간용 가늠자/가늠쇠를 야간용의 것으로 전환할 수 있는 구조로 만들어져 있었다.

MPi-KM
(구 동독제)

AIMS (루마니아제)

루마니아도 1950년대에 AK47 및 AKM의 라이센스 생산을 시작했다. 처음에는 원래 AK47/AKM의 모양을 답습하였으나, 이후 핸드가드 아래쪽에 수직손잡이가 추가되었다. 이것도 초기에는 개머리판을 접을 때 닿지 않도록 뒤로 굽은 형상이었다가, 개머리판을 옆으로 접을 수 있도록 개량된 이후(아래 사진)에는 원래의 사용목적에 더욱 적합하도록 앞으로 기운 모양이 되었다.

구 유고슬라비아는 바르샤바조약기구에 속해 있지는 않았으나 사회주의진영의 국가로서 소련식을 기준으로 하는 무기체계를 갖추고 있었다. M70B1은 라이센스 생산 초기에 만들어진 버전보다 업그레이드된 개량형으로, 가스차단밸브 역할을 겸하는 총류탄 발사용 가늠자가 추가되며 총열덮개가 약간 길어지는 등의 독자적 개량이 가해진 물건이다.

M70B1
(구 유고연방제)

AK소총을 중국에서 라이센스 생산한 것이 56식으로, 중국북방공업공사(노린코)가 생산을 담당했다. 접었다 펼쳐서 사용할 수 있는 스파이크식 대검과 원통형 가늠쇠울 등이 추가되었고, 소련제 오리지널과 달리 개머리판 등은 호두나무를 깎아 만든 것이다. 조정간 표기는 수출용도 중국어 발음에 따라 단발을 D, 연발을 L로 표기하고 있다.

56식 보총／
56식-1 보총 (중국제)

체코슬로바키아는 워낙 총기관련 기술이 뛰어난 국가로, 바르샤바 조약기구에 속해있으면서도 독자적으로 개발한 Vz58을 채용하였다. AK의 생산에 사용되는 지그 등을 도입하여 외관이 비슷해졌고 탄약 역시 호환성의 측면에서 같은 7.62×39㎜탄을 사용하면서도 내부 구조는 완전히 독자적인 것으로 만들어졌다. 현재 시점에서도 뛰어난 성능을 인정받고 있다.

Vz58
(구 체코슬로바키아제)

AK 시리즈의 기초지식

TEXT&PHOTO : SHIN

좌측:7.62×39mm
우측:5.45×39mm

「7.62×39mm탄과
5.45×39mm탄의 **위력**의 **차이**」

AK47의 7.62×39mm탄과 AK74의 5.45×39mm탄 의 위력의 차이를 알아보기 위해 물통과 콘크리트 블럭에 대한 사격을 실시하였다. 물통에 대한 사격에서는 탄속이 높은 5.45×39mm탄이 높은 파괴력을 발휘하였고, 반면 콘크리트 블럭의 경우 탄두가 무거워 관통력이 우수한 7.62×39mm탄이 효과적이라는 점을 시각적으로 확인할 수 있다.

왼쪽이 5.45mm탄을 사용하는 AK74용 탄창. 탄피의 경사가 적기 때문에 커브가 오른쪽의 AK47용 탄창에 비해 완만하다.

1 갤런 물통 에 대한 사격

7.62×39mm의 사격 테스트

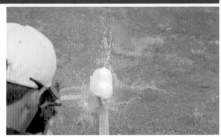

물을 가득 담은 1갤런 (약3.8리터)들이 물통에 대해 약 8 미터 거리에서 사격.

탄두가 관통하면서 원뿔 모양으로 에너지가 퍼지며 빠져나가는 모습을 볼 수 있다. 뒤로 퍼져나가는 수압의 반작용으로 물통이 사수방향으로 밀려나오고 있다.

물이 거의 남지 않은 빈 통이 천천히 바닥으로 떨어진다.

5.45×39mm의 사격 테스트

같은 8미터 거리에서 사격미터 거리에서 사격.

탄두가 관통한 순간. 7.62×39mm탄과 비교하여 물이 훨씬 강하게 튀어나오는 것이 보인다. 가벼운 탄두가 고속으로 물을 뚫고 나가며 에너지를 급속히 전달, 물통 내부의 압력을 급격히 높인 것을 알 수 있다.

물통은 7.62×39mm탄의 경우보다 심하게 파손되며 사수 가까이까지 튀어왔다.

오른쪽이 5.45×39mm탄, 왼쪽이 7.62×39mm탄으로 쏜 것. 총알이 뚫고 들어간 사입 구쪽이다. 수압에 의해 사입구가 바깥으로 튀어나와 있지만 큰 손상은 없어 보인다.

반면 뒷쪽을 보면 오른쪽의 5.45×39mm탄의 경우 고속의 탄두가 에너지를 확실히 물에 전달한 점과 7.62×39mm탄의 경우 물통을 뚫고 들어간 탄두가 물통 자체를 파괴하기 전에 관통해 나간 것을 알 수 있다. 부드러운 목표에 대해 소구경 고속탄이 효과적임을 보여주고 있다.

콘크리트 블록에 대한 사격

7.62×39mm탄의 사격 테스트

이어서 콘크리트 블록에 대한 사격을 실시하였다. 도탄 등의 위험이 있으므로 충분한 거리를 두었다. 이 콘크리트 블록은 미국에서 흔히 사용하는 6×6×8인치 크기에 두께 1인치(2.5cm)의 ㅁ자 모양.

명중하는 순간. 무게가 있는 탄두가 비교적 저속으로 명중하였기 때문에 탄두가 변형, 파괴되지 않은 채 양면을 관통, 파괴하고 있다.

한쪽면을 관통한 이후에도 충분한 파괴력을 가진 채로 다른 면을 관통, 블록 전체를 파괴하였다. 단단한 목표물에 대한 관통력이 우수한 7.62×39mm탄은 초목이 무성한 정글, 건물이나 차량 등 차폐물이 있는 환경에서도 충분한 파괴력을 발휘하고 있다.

5.45×39mm탄의 사격 테스트

마찬가지로 5.45×39mm탄을 사용한 테스트를 진행한다.

작은 구멍이 뚫리고, 관통한 탄두가 반대편을 때리는 순간.

반대편 콘크리트 벽이 파괴되어 좌우로 파편을 날리고 있다. 그러나 충격에 의해 깨진 것에 불과하며, 가벼운 탄두가 단단한 콘크리트에 부딪히며 변형되거나 깨지면서 반대편의 벽을 완전히 파괴하지 못하는 모습을 보여주고 있다. 7.62×39mm탄과 비교하여 명백히 파괴력이 부족함을 알 수 있다. 경량탄은 단단한 목표물에 에너지를 전달하는 데 있어 부족함이 있다.

AK시리즈 의기초지식

TEXT&PHOTO : SHIN

「조작방법」

AK시리즈의 조작방법은 장전, 재장전, 야전분해, 조준 등이 모두 동일하다. 생산된 국가의 언어를 모르는 사람이라도 기계 등에 대한 기초적인 이해만 있다면 최소한의 훈련 시간만 거치고도 곧바로 조작법을 보고 배울 수 있을 정도로 우수한 설계이다.

러시아제 5.45×39㎜탄. 소박한 종이포장에 담겨있다.

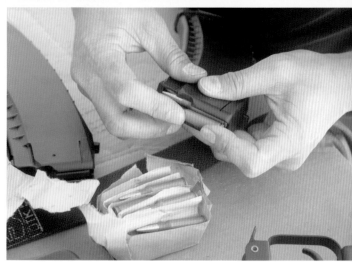

탄창에 한발 한발 삽탄. 탄피는 단가절감을 위한 철제이나 표면을 락카 도료로 처리하여 사격시 약실에 늘어붙는 것을 방지한다.

AK시리즈의 조작방식은 모든 형식이 동일하다. 탄창 앞부분의 걸쇠를 탄창 삽입구 앞쪽에 걸어 회전시키는 형태로 탄창을 결합시킨다.

러시아군의 교범에서는 오른손으로 장전손잡이를 당기도록 되어 있다.

실제로는 총을 눕히고 왼손으로 장전손잡이를 당기는 경우가 많다. 탄피배출구 안쪽을 볼 수 있어 약실에 탄이 확실히 삽입되는지 확인할 수 있는 이점이 있다.

총 아래를 통해 왼손으로 장전손잡이를 당기는 모습은 최근 유행하고 있지만 왼손에 힘을 주기 어려울 뿐 아니라 당기던 왼손이 조정간에 걸려 끝까지 당기지 못한 채 장전손잡이를 놓치는 경우도 있어 작동불량을 일으키기 쉽다.

조정간은 총 우측에 위치하며 오른손 가운데 손가락을 조정간에 올려둔 상태가 장전된 상태에서의 준비자세이다. 조정간을 자주 조작할 것을 염두에 둔 디자인은 아니다. 실제로 AK가 오랜 기간동안 세계 여러 곳에서 사용되는 동안 조정간이 이렇게 설계된 데 따른 문제가 발생한 경우가 거의 없기도 하다. 덧붙이자면 일본 자위대의 89식 소총도 AK와 마찬가지로 조정간이 우측에 위치하고 있어 이를 문제시하는 시각도 많으나 사용하기 나름이 아닌가 싶다.

사용이 끝난 탄창을 제거하려면 우선 탄창과 탄창 멈치를 함께 움켜쥐듯 누르면서 빈 탄창을 손으로 제거해 준다.

탄알이 장전된 탄창을 꺼내 방아쇠울 아래에 대고 탄창 멈치를 앞으로 밀어 탄창을 제거하는 방법도 있다. 몇년 전부터 유행하기 시작한 방식이지만 확실성이라는 면에서는 떨어진다.

영원한 돌격소총의 라이벌을
최신 모델로 철저비교

AK와 M16이 등장한지 반세기가 넘어가며 동서의 냉전도 이미 과거의 것이 된 현재에도 AK와 M16은 큰 폭의 진화를 거듭하여 최신 전술에 충분히 대응하는 돌격소총으로 성장하고 있다. 여러 나라에서 만들어진 수많은 돌격소총이 세계 곳곳에서 수없이 도전을 거듭하고 있음에도 AK와 M16 및 각각에서 파생,발전된 것들이 세계시장을 절반씩 지배하고 있다. 여기서는 '현대의 AK, 현대의 M4', 즉 50년 이상 전투를 통해 입증된 각각의 성능과 최신기술을 통해 더욱 가볍고 빠르고 정확해진 양대 소총의 최신모델을 소개 및 비교하려 한다.

TEXT&PHOTO : SHIN

AK

~현대AK, 현대M4~

Rifle Dynamics
RD701

미국 네바다주 라스베가스에 위치한 라이플 다이나믹스는 미국에서 AK를 생산하는 메이커 가운데 최상급 브랜드로 평가되고 있다. 튼튼하고 단순하다고 하는 AK시리즈의 특성을 살리면서도 독자적으로 만든 부품과 정밀한 조립과정을 거치며 높은 정확도와 함께 부드러운 작동이 가능한 AK를 생산하고 있다.

AK의 근대화(모더나이징)은 이라크나 아프가니스탄에서 활동하던 민간군사기업(PMC)에서 많이 시도되었다. 조작이 편한 M4계열에 익숙한 인원들이 현지에서 입수한 AK에 대해 높은 신뢰성을 인정하는 반면 조작편의성이라는 부분에서는 개량의 필요성을 인식하였다. 이에 따라 개발된 것이 M4에 가까운 조작성과 확장성을 갖는 모더나이즈드 AK이다. RD701은 라이플 다이나믹스의 생산품 가운데 최고급 플래그십모델로 2,200달러에 이르는 가격에도 불구하고 높은 인기를 얻고 있다.

총구에는 복잡한 형태의 RD FSC 머즐 디바이스가 장착되어있다

도트사이트 및 레이저 모듈, 웨폰라이트 등의 액세서리를 부착할 수 있게 된 리시버 커버(윗덮개)와 총열덮개

가스튜브도 레일이 추가된 UltiMAK제 제품이 사용되어 액세서리의 부착이 가능하다.

라이플 다이나믹스가 제작한 가스블록과 특제 총열이 결합된 가능쇠 뭉치는 겉보기만으로도 진화된 모습을 느낄 수 있다.

몸통 윗면의 레일은 Parabellum Armament제 제품. 가늠자 뭉치와 맞물려 레일을 확실히 고정하는 한편 상부몸통을 여닫을 수 있는 우수한 디자인이다

권총손잡이로는 맥풀의 MOE그립을 채택

방아쇠는 ALG의 커스텀 트리거를 사용한다. 1단식의 맺고 끊는 맛이 확실한 방아쇠 느낌을 제공한다.

RD700시리즈는 7.62×39㎜탄, RD500시리즈는 5.45×39㎜탄을 사용한다.

총열 고정부(트러니언) 좌측에는 라이플 다이나믹스의 로고가 새겨져 있다.

리시버에는 세라코트 처리가 되어 있다.

리시버 좌측에는 스코프 마운트 베이스가 부착되지 않아 매끈하다.

스켈레톤식 개머리판을 접으면 리시버 좌측의 갈고리에 걸리도록 되어 있다.

리시버 좌측 앞쪽에는 접힌 개머리판을 붙잡는 훅(갈고리)이 설치되어 있다.

개머리판 힌지 바로 앞의 개머리판 고정 버튼을 누르면 개머리판을 접을 수 있게 된다.

개머리판을 접으면 길이가 상당히 줄어들어 이동이나 보관에 편리해진다. M4처럼 몸통 뒷쪽에 버퍼 튜브(스토크 봉)가 달려있지 않은 AK시리즈의 특징이다.

RD701은 지금까지 쏘아본 AK가운데 동작이
가장 부드러우며 안정적이다. 경량화된 총열과
함께 가스포트의 크기 역시 적절히 개량되어,
노리쇠가 우악스럽게 움직이지 않는다. 물론
AK의 최첨단 현대화모델답게 소음기를 장착했
을 때에도 문제가 없도록 설계되어 있다.

탄창의 앞쪽을 리시버 안
쪽에 걸친 채로 돌려끼우
듯 하면서 탄창 멈치에
고정시키는 방법으로 탄
창을 결합한다.

몸통 우측의 장전손잡이
를 당길 때 권총손잡이를
계속 잡기 위해 이처럼
왼손을 쓰기도 한다.

AK의 준비자세. 조정간에 손가락을 올려둔 채로 조준.

업 포지션. 조정간을 밀어 내리며 그대로 손잡이를 쥔다.

Knights' Armament

SR-15E3 CARBINE
MOD2 M-LOK

수없이 많은 M4시리즈 가운데에서도 나이츠 아마먼트(이하 '나이츠')사에서 만드는 SR-15시리즈는 최신기술과 스펙을 계속 도입하고 있다. 그도 그럴 것이, 현대 전술의 폭을 크게 넓힌 레일 인터페이스 시스템(RIS)를 개발한 것이 바로 나이츠 아마먼트와 그 창시자 리드 나이트이기 때문이다.

1989년 미군 연구기관인 SOST(특수작전 테크놀로지)가 제안한 '모듈러 클로즈컴뱃 카빈 프로젝트'에 따라 연구가 시작된 SOPMOD(Special Operations Peculiar Modifications)는 당시의 M16A2를 기반으로 근거리전투에 적합한 카빈

을 개발할 것을 목적으로 한 계획으로, 그 결과물로 이를 단축화한 M4카빈을 낳아 현재 미군의 주력 개인화기가 되었다.

또한 현대전에서 운신의 폭을 비약적으로 넓히는 도트사이트, 저배율 스코프, 나이트비전, 가시 및 비가시 레이저 사이트, 웨폰 마운트 라이트, 40mm 유탄발사기, 소음기 등의 액세서리를 작전 상황에 맞게 조합하여 간단히 탈부착할 수 있는 모듈화가 함께 진행되었다. 나이츠는 SOPMOD에 적합하도록 이들 액세서리를 장착하기 위한 장치가 붙은 총열덮개라 할 레일 인터페이스 시스템(RIS) 및 레일 어댑터 시스템(RAS)를 개발하였다.

이 RIS/RAS는 M4카빈을 시작으로 여러 총기에 사용할 수 있는 피카티니 레일이 장치된 총열덮개로, 여러 악세사리의 탈부착이 가능하게 되었다. 지금에 와서는 군용소총의 하나의 기준이 된 레일시스템의 시초라 하겠다. 나이츠에서는 이 RIS에 부착할 수 있도록 포어 그립(전방 손잡이), 슬링 마운트, 스코프 마운트 등 여러 다양한 악세사리의 개발도 함께 진행하였고, 이를 통해 현재의 돌격소총의 원형을 만들었다고 할 수 있다. RIS는 나이츠제 소음기 및 액세사리등과 함께 SOPMOD 패키지를 구성, USSOCOM(미 특수작전군)에 채용되기에 이른다.

나이츠에서는 RIS/RAS의 개발과 생산에 그치지 않고, AR10/M-16을 개발한 장본인인 유진 스토너를 영입하여 고성능 총기 본체의 제조를 개시, 1990년부터 미군에 채용된 SR-25를 시작으로 지금까지도 높은 신뢰성을 가진 군경용 고성능 소총을 여러 특수부대 등에 공급하고 있다.

여기서 소개할 SR-15E3 CARBINE MOD2 M-LOK은 나이츠가 개발한 최신 카빈으로 URX4 핸드가드를 장비한 것이다.

SR-15E3 CARBINE MOD2 M-LOK. 길이 14.5인치(약 368㎜)의 경량 카빈 총열을 감싸고 있는 것은 맥풀이 개발한 M-LOK 액세서리 플랫폼을 적용한 최신형 URX4 핸드가드.

나이츠의 M4QD NT-4 MAMS 소염기(머즐브레이크)는 반동과 총구화염을 감소시키는 한편 NT-4 서프레서를 바로 장착할 수 있도록 되어 있다.

SR-15E3에는 최신 URX4 핸드가드가 장비되어 있다. 총열을 고정하기 위한 배럴 너트로도 기능하면서 알루미늄으로 되어 있어 무게를 큰 폭으로 줄이는데 기여하고 있다.

M-LOK은 맥풀이 개발한 액세서리 플랫폼이다. 광학장비 혹은 사이트 등 정밀성이 요구되는 것을 장착하는데는 적합하지 않으나 라이트, 바이포드, 슬링 마운트 등 힘이 많이 가해지는 액세서리의 장착에 적합하게 되어있다.

SR-15E3는 모든 조작이 좌우 어디에서도 가능하다.

M16의 신뢰도가 높아진 데에는 탄창이 진화한 것도 한 몫을 했다. 초기 20발들이 알루미늄제 탄창(사진 왼쪽)과 맥풀제 30발들이 폴리머제 PMAG(우측). 새로운 재질과 스프링, 탄창 안에서 대각선으로 걸려서(틸팅) 송탄불량 이 발생하지 않도록 개발된 앤티 틸팅 팔로워(탄 밀대)등 이 M16의 신뢰도를 크게 높이고 있다.

M16의 첫 카빈형인 XM177로부터 채용되어 온 신축형 개머리판. M4에도 사용자의 체격과 장비에 맞도록 6개 지점의 조 절이 가능한 개머리판이 장치되어 있다. 컴팩트 카빈용 PTS제 EPS-C가 장착되어 있다.

가늠쇠는 스코프 및 도트사이트를 사용할 때 방해되지 않도록 접을 수 있게 되어 있다.

피카티니 레일에 장착되어 있는 가늠자도 접을 수 있게 되어 광학기기의 사용에 대응하고 있다.

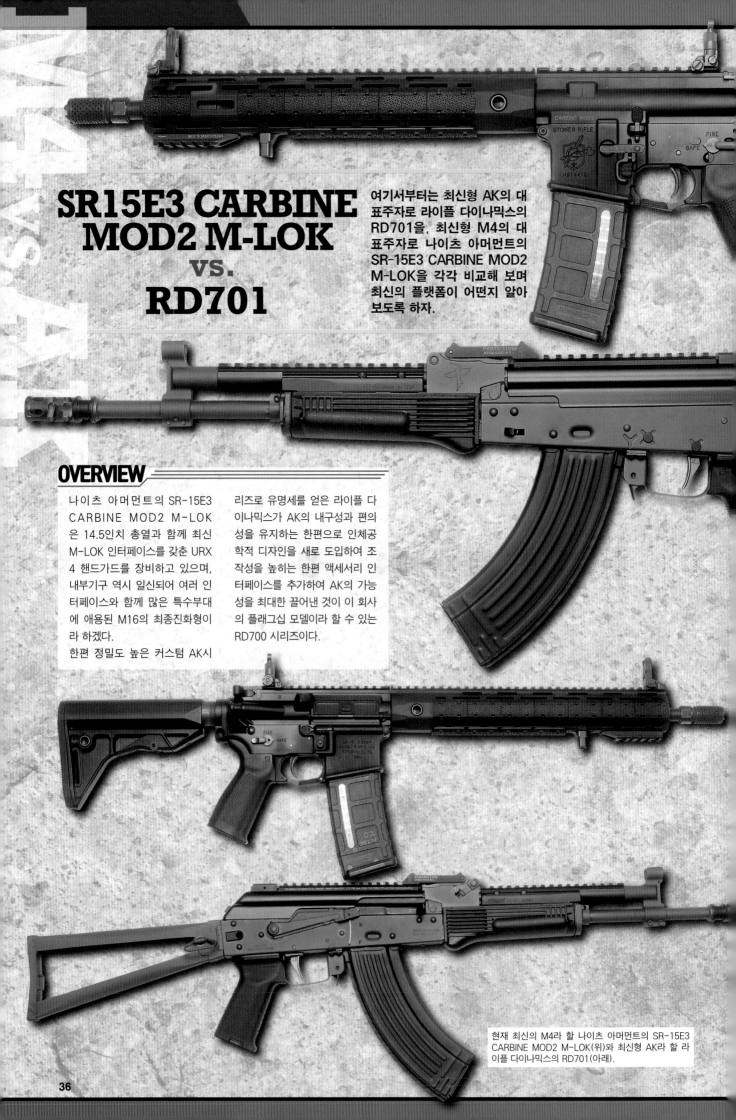

SR15E3 CARBINE MOD2 M-LOK
vs.
RD701

여기서부터는 최신형 AK의 대표주자로 라이플 다이나믹스의 RD701을, 최신형 M4의 대표주자로 나이츠 아머먼트의 SR-15E3 CARBINE MOD2 M-LOK을 각각 비교해 보며 최신의 플랫폼이 어떤지 알아보도록 하자.

OVERVIEW

나이츠 아머먼트의 SR-15E3 CARBINE MOD2 M-LOK 은 14.5인치 총열과 함께 최신 M-LOK 인터페이스를 갖춘 URX 4 핸드가드를 장비하고 있으며, 내부기구 역시 일신되어 여러 인터페이스와 함께 많은 특수부대에 애용된 M16의 최종진화형이라 하겠다.

한편 정밀도 높은 커스텀 AK시리즈로 유명세를 얻은 라이플 다이나믹스가 AK의 내구성과 편의성을 유지하는 한편으로 인체공학적 디자인을 새로 도입하여 조작성을 높히는 한편 액세서리 인터페이스를 추가하여 AK의 가능성을 최대한 끌어낸 것이 이 회사의 플래그십 모델이라 할 수 있는 RD700 시리즈이다.

현재 최신의 M4라 할 나이츠 아머먼트의 SR-15E3 CARBINE MOD2 M-LOK(위)와 최신형 AK라 할 라이플 다이나믹스의 RD701(아래).

원래의 M16 및 M4에서 가장 크게 진화한 부분이 프론트엔드(총열 및 총열덮개) 부분이다. RD701은 고정밀 총열이 장착된 외에도 가늠자와 가스블록이 한덩어리 부품이 되었다. SR-15E3의 총열은 정밀도를 유지하기 유리한 프리 플로팅의 형태를 가진다.

총열덮개 부분. 양쪽 모두 위쪽에 충분한 길이의 레일이 설치되어 레이저 모듈 및 웨폰마운트 라이트 등을 장착할 수 있도록 만들어져 있다.

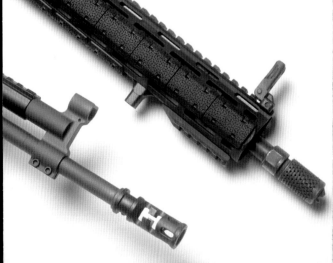

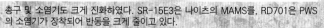

총구 및 소염기도 크게 진화하였다. SR-15E3은 나이츠의 MAMS를, RD701은 PWS의 소염기가 장착되어 반동을 크게 줄이고 있다.

몸통 윗면 역시 피카티니 레일이 장착되어 광학 및 조준 보조장치 등을 확실히 결합할 수 있도록 하고 있다.

수없이 많은 종류가 나와 있는 M4용 커스텀 방아쇠 가운데 SR-15E3는 나이츠제 2스테이지 트리거를 장착하고 있으며, RD701에는 ALG의 커스텀 트리거가 장치되어 있다.

권총손잡이 역시 많은 업체에서 M4 및 AK에 사용할 여러 크기와 형태의 제품을 발매하고 있다. SR-15E3는 PTS의 EPG를, RD701은 맥풀의 MOE 커스텀을 각각 장착하고 있다.

SR-15E3과 RD701 모두 리시버의 윗면에 레일을 설치한 플랫탑 리시버, 혹은 그에 준하는 리시버 커버를 도입해 거의 동등한 확장성을 보이고 있다.

RD701은 표준적인 금속제 접절식 스켈레톤 스토크를 장비하고 있어 완전히 접어버릴 수는 있으나 사용자의 상황에 맞는 조절은 가능하지 않다. 한편 SR-15E3DMS의 경우 완전히 접을 수 없으나 6단계로 길이를 조절할 수 있어 사용 편의성이 높다고 하겠다.

SR-15E3는 좌우 어느 손으로도 탄창분리, 노리쇠전진, 조정간 조작 등이 편리하도록 되어 있는 데 반해 RD701은 왼손잡이에 대한 배려가 전혀 없는 AK의 단점을 그대로 가지고 있다. 탄창멈치도 패들형이라 탄창교환이라는 면에서도 SR-15E3보다 불편하다.

서방과 동구권을 대표하는 라이벌인 AK와 M4는 50년이 넘는 세월을 경쟁으로 지내며 실전경험과 기술의 진화를 함께 쌓아나갔다.
여기서 소개한 SR15E3와 RD701은 현재 각각의 선두 주자라 부를만 한 것으로, 단축화, 경량화 노력과 함께 방아쇠, 손잡이, 개머리판 등 유저 인터페이스의 근대화, 스코프나 도트사이트와 같은 조준 및 조준 보조장비, 나이트비전(야시장비), 레이저 모듈 등의 액세서리를 자유자재로 장착할 수 있는 플랫폼으로서 완성되어 왔다고 할 수 있다.

CONCLUSION

동과 서의 라이벌로서 AK vs. M16에 대해 여러 매체에서 오랜 기간 다루어 왔으나, 50년 전 탄생한 당시의 형태를 비교하는 데 그치는 경우가 많았다. 여기서는 각각에 있어 최신의 AK와 최신의 M16(M4)을 비교해 보았다.

이제 AK는 그저 튼튼하고 싸지만 잘 맞지 않는 총이 아닌, 튼튼하면서도 M4와 근접한 유저 인터페이스 및 커스텀 부품들에 의한 업그레이드가 가능한 플랫폼이 되어 있다.

또한 M16 역시 허약하고 오염에 취약한 총이 아닌, 전선에서 자신의 가치를 증명해 낸 고정밀 카빈으로 진화하였고, 또한 CNC가공이 보편화되는 시대의 흐름에 따라 프레스가공으로 제조되는 AK보다도 낮은 가격에 신속하게 제조할 수 있게 되었다.

AK와 M4 모두 현대의 요구에 맞추어 나가며 앞으로 적어도 20여년 이상은 최전선에서 활약하는 돌격소총의 대표 주자로 남을 것이다.

Short Barreled
M4 and AK

TEXT&PHOTO : SHIN

M4 vs. AK SBR대결

대니얼 디펜스의 Mk.18(위)와 센츄리 암즈의 C39(아래). Mk18은 10.3인치, C39는 11.375인치 총열의 SBR이다.

양측 모두 총구에 챔버식 컴펜세이터를 장착하고 있다. 챔버 앞면에 발사가스가 부딪치며 좌우로 빠져나가면서 총구반동을 감소시키는 역할을 하고 있다.

SBR(Short Barreled Rifle, 단총열모델)은 특별히 짧은 총열의 라이플을 말한다. M4와 AK 기본형의 총열길이는 각각 14.5인치와 16인치이므로 이들보다 짧은 총열이 장착된 것을 SBR이라 부른다고 생각하면 된다(역자 주: 미국 법에서는 16인치 미만의 총열을 갖춘 소총은 SBR로 분류해 기관총이나 소음기와 동등한 구매 허가를 거쳐야 구입이 가능하다). SBR은 실내 및 차량 등 좁은 장소용, 공수 및 특수부대 등 높은 휴대성을 요구할 경우, 은닉이 요구되는 경우 등을 위하여 만들어지고 있다.

총열이 짧아지는 데 따라 휴대와 취급이 더욱 간편해지는 반면 총열 안에서 탄두가 가속되는 시간이 짧아지므로 위력이 저하되는 단점이 있고, 또한 완전히 연소되지 않은 화약이 총구 바깥까지 튀어나가서야 연소되기 때문에 총구화염과 불꽃이 훨씬 커진다는 단점도 있다. AK시리즈에는 공수부대 및 특수부대를 위해 개발된 SBR로서 AK74U가 있고, M4에도 해군특수부대 네이비 실을 위해 개발된 Mk18이 있다. 여기에서는 AK와 M4의 SBR에 주목하여 그 특징을 소개하도록 한다.

센츄리 암즈의 C39. AK를 기초로 한 SBR은 가스피스톤 역시 단축되게 되나 롱스트로크 피스톤 방식이기 때문에 총열이 짧아지는 데 따른 작동불량의 가능성은 낮다.

대니얼 디펜스의 Mk.18 SOCOM 윗몸통을 결합한 M4. M4를 기초로 만들어진 SBR의 경우 총열에서 가스활대를 통해 노리쇠로 연결하기 위한 가스포트의 위치 및 크기가 민감한 기술적 과제이다. Mk.18의 경우 10.3인치 총열에서 확실한 작동을 위해서 가스포트의 크기가 확대되는 등의 조치가 취해졌다.

리시버는 일반적인 AK와 M4와 동일하다. SBR은 보통 총열부분만 개량되는 경우가 많다. Mk18에는 EOTech가 장착되어 있다. 물론 조작성도 동일하며 악세사리도 공유할 수 있다. C39에는 시그 사우어의 로미오 옵틱이 장착되어 있다.

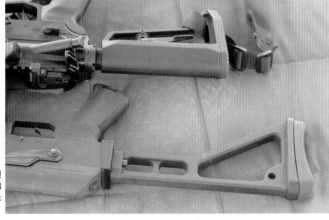

양쪽 모두 피카티니 레일이 장착된 총열덮개를 장착하고 있다. Mk18에는 슈어파이어의 스카우트 라이트와 미니포어그립을 장착.

C39에는 단순한 고정식 개머리판이, Mk18에는 맥풀제 신축형 스토크가 장착되어 있다.

두 총 모두 전체적인 길이가 대략 비슷하여 휘두르기 편한 소형 라이플임을 볼 수 있다.

① Mk18으로 하이포트 레디 포지션

④ C39의 로우 레디 포지션. 손가락을 조정간에 걸친 상태로 대기한다.

② 조준과 동시에 오른손 엄지손가락으로 조정간을 조작, 사격준비가 끝난다.

⑤ 조정간을 끝까지 내리며 권총손잡이를 파지.

③ 컴펜세이터에 의해 반동이 거의 상쇄되고 있다.ㅍ

⑥ AK는 총열이 짧아도 작동에 문제가 없다.

결 론

AK와 M4를 SBR로 개량하는 데 있어서 Mk18은 여러 부분을 개량하여 충분한 신뢰도를 갖추었으나 작동의 확실성에 있어서는 AK가 우위를 가진다 하겠다. 특히 서프레서(소음기)를 장착하여 연사로 작동시킬 경우 M4를 기반으로 하는 SBR은 안정성이 떨어지는 인상이 있다. 이는 동작 방식이 롱 스트로크 피스톤 방식의 AK와 달리 가스직결식인 M4의 특성 자체에 기인한다 하겠다.

REALGUN M4 &

AK SERIES LINE UP

키모드 (KEY MOD) 및 M-LOK, 쇼트 스코프 등 현재 실총 세계에서 총기의 최신 유행은 모두 M4 에서 유래하고 있다 . M4 는 말 그대로 유행을 만들고 또한 선도하는 총기라 해도 지나치지 않는 실정이다 . 한편 AK 역시 멈춰있는 것은 아니다 . 2000 년대 전반부터 PMC 전술요원들의 요청에 따라 시작된 현대화 개량의 흐름이 원조인 러시아로 역류하면서 시대의 흐름에 따른 변신을 이끈 측면이 있다 . 이에 M4 의 스몰 프레임 및 라지 프레임의 최신 커스텀 모델 및 AK 의 구 동구권 국가제 변종 및 현대화 커스텀을 정리해 보도록 한다 .

TEXT&PHOTO : SHIN

앨런 엔지니어링제 소음기와 슈어파이어의 스카웃 라이트를 장착. 법 집행기관도 최근 소음기를 급격히 많이 사용하게 되었다.

이와 같이 가늘고 가벼운 총열덮개가 최근의 유행. 윗면에는 피카티니 레일, 좌우 및 아래의 M-LOK 슬롯을 사용하여 악세사리의 사용이 가능하다

MODERN OUTFITTERS **MC5**

M4 카빈의 특징은 모듈화에 있다 하겠다. 우선 총의 몸통에 해당하는 하부리시버와, 총열과 스코프, 노리쇠뭉치로 구성되는 상부리시버로 분할되며, 각각의 모듈을 목적에 맞도록 제팅한 후 조합이 가능한 것이다. 모던 아웃피터즈는 고객 각각의 필요에 따른 세세한 주문에 대응하는 M4 계열의 세미커스텀빌드업체로, 이 회사의 MC5는 시가지에서 활동하는 법 집행기관이 사용할 SPR(Special Purpose Rifle, 특수목적소총)로서 사용할 민한 성능을 갖추도록 만들어진 모델이다. 다목적 카빈으로서 근거리부터 중거리까지 저격도 가능한 M4라 하겠다.

노리쇠 고정레버는 조작이 쉽도록 대형화된 것이며, 방아쇠 역시 너무 가볍지 않으면서도 사용이 편리하도록 3.5파운드 압력의 매치트리거가 장착되어 있다.

장전손잡이 역시 양손잡이용으로, 엎드려쏴 자세에서 사격하는데 빼놓을 수 없는 액세서리이다.

개머리판도 맥풀제. M4 카빈은 모든 부품을 커스텀파트로 조합하여 사용자의 취향 및 임무에 맞도록 세팅할 수 있다.

VORTEX제 RAZOR HD스코프. 1~6배율에 대응하며 1배율일 때는 도트사이트처럼 사용할 수 있다.

좌우 대칭의 쇼트 쓰로(60도만 돌려도 안전장치 해제) 조정간 및 맥풀제 그립이 장착되어 있다.

하부 리시버 자체에는 왼손잡이를 위한 개량이 되어있지 않으나 조정간, 노리쇠 멈치, 방아쇠 등 커스텀 파츠를 사용하여 조작성을 높이고 있다.

16인치 총열에 서프레서(소음기)를 장착한 MC5. 엎드려쏴 자세로 정확한 무음사격이 가능하다. 반동이라기보단 진동에 가까우리만치 총의 움직임이 적다. 양각대를 제거하고 스코프를 1배율로 조정하면 CQB모드로 변신한다.

TEXT & PHOTO : SHIN

AXTS MI-T556

스몰 프레임 AR을 베이스로 하는 AR 커스텀 가운데 크게 주목받고 있는 것이 AXTS. 양손잡이용 장전손잡이를 만들던 메이커로, 여러 가지 유니크한 AR15/M4 관련 제품을 개발하고 있다. 이 회사의 상부 리시버와 유니크한 하부 리시버를 조합한 AR15는 발매된 이래 주목을 모으고 있다. 여기서 소개하는 MI-T556은 16인치 총열의 플래그십 모델이다.

총열덮개는 윗면이 피카티니 레일이고, 좌우 및 랫부분에 맥풀의 M-LOK을 채용하고 있다.

하부 리시버는 독자규격으로, 좌우 대칭으로 조작이 가능하다.

총열덮개는 일반적으로 양 옆에서 볼트로 고정하도록 하고 있으나 AXTS는 세로로 꽂아넣는 방법을 채택하고 있다.

총열덮개는 위아래 각 4개씩의 볼트로 리시버에 고정되도록 되어 있어 아주 견고하게 고정된다.

Noveske
Gen.1
N4 Custom

PHOTO : Hiro Soga

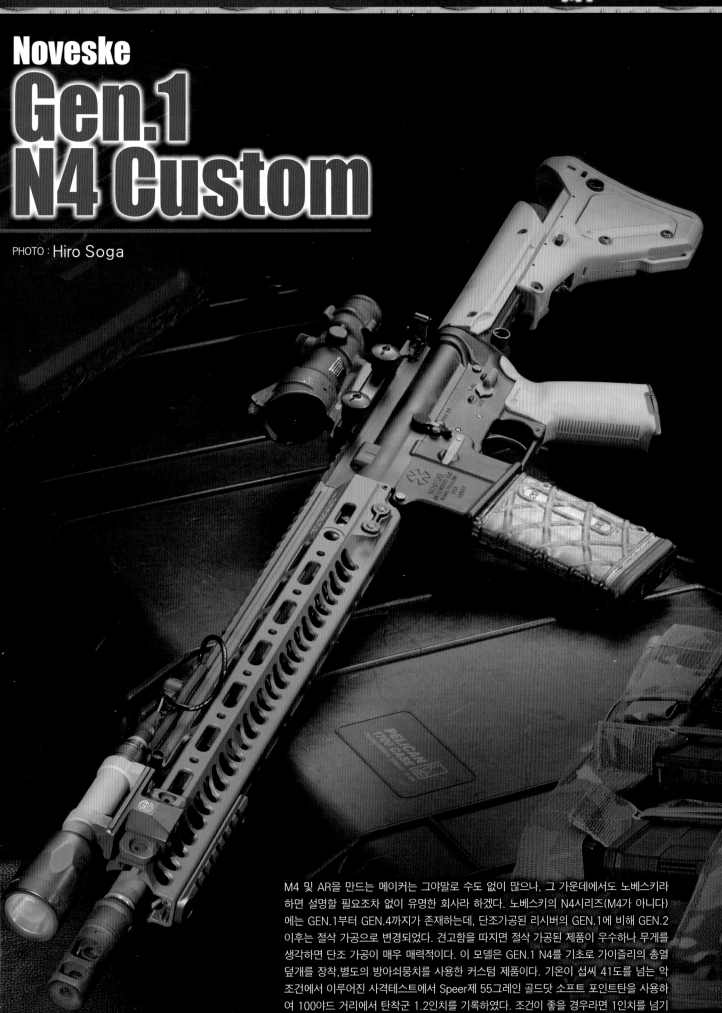

M4 및 AR을 만드는 메이커는 그야말로 수도 없이 많으나, 그 가운데에서도 노베스키라 하면 설명할 필요조차 없이 유명한 회사라 하겠다. 노베스키의 N4시리즈(M4가 아니다) 에는 GEN.1부터 GEN.4까지가 존재하는데, 단조가공된 리시버의 GEN.1에 비해 GEN.2 이후는 절삭 가공으로 변경되었다. 견고함을 따지면 절삭 가공된 제품이 우수하나 무게를 생각하면 단조 가공이 매우 매력적이다. 이 모델은 GEN.1 N4를 기초로 가이즐리의 총열 덮개를 장착,별도의 방아쇠뭉치를 사용한 커스텀 제품이다. 기온이 섭씨 41도를 넘는 악 조건에서 이루어진 사격테스트에서 Speer제 55그레인 골드닷 소프트 포인트탄을 사용하 여 100야드 거리에서 탄착군 1.2인치를 기록하였다. 조건이 좋을 경우라면 1인치를 넘기 지 않을 고성능의 모델이라는 점은 분명하다.

LaRue Tactical
PredatAR

PHOTO : Hiro Soga

LaRue의 PredatAR는 단단한 플랫폼에 가느다란 총열을 장착한 것이 특징으로, 가벼우면서도 높은 정밀도를 자랑하는 기종이다. 동시에 알미늄 덩어리를 깎아 만들어 낸 상부 및 하부몸통의 정밀한 결합은 감동적이라 할 정도이다. 총열의 굵기가 가늘어지면 그만큼 가벼워지는 반면 정밀도가 떨어진다고 하는 것이 일반적 상식이지만, 16인치 총열이 장착되어 있으면서도 같은 타입의 M4보다 450g이나 가벼운 3.2㎏ 무게의 이 소총은 100야드에서 1인치 미만의 탄착군을 만들어내는 고성능모델이다. 총열덮개에는 탈부착이 가능한 3인치 길이의 레일이 부속되어 있어 필요에 따라 아무 위치에나 악세사리를 장착할 수 있다. 위 모델은 맥풀제 개머리판과 손잡이를 사용하고 있다.

FERFRANS
SOARP

PHOTO : Hiro Soga

가스피스톤 타입의 M4는 반동도 강하고 정밀도 역시 떨어진다는 것이 상식으로 통하고 있으나, 퍼프랜스의 SOARP는 독자적인 피스톤 시스템을 사용하여 노리쇠에는 적당한 가스만 전달되고 남는 가스는 앞쪽으로 분출되는 구조를 가지고 있다. 이로 인해 단발 혹은 연발 사격시, 또한 소음기를 사용하는 데 있어 가스압 조절기를 사용하지 않고도 안정되게 동작하는 점이 특징이다. 사진에 보이지는 않으나 배럴 너트는 방열핀이 설치되어 있어 자동사격시 냉각 효과를 발휘하도록 하였다. 오퍼레이팅 로드는 정확한 경도를 갖도록 열처리된 스테인레스제이다. 퍼프랜스의 제품은 아시아 여러 나라의 특수부대에서 정식으로 채용된 외에도 라스베가스 SWAT에서도 사용되고 있다.

CQB에 특화된, 경량화에 중점을 둔 세팅. SR-25E2 배틀라이플은 세팅에 따라 근거리 및 원거리전투에 대응하는 다용도성을 가진다

TEXT&PHOTO : SHIN

Knight's Armament
SR-25E2 ACC M-LOK

SR-25E2ACC(어드밴스드 컴뱃 카빈)은 플로리다주에 위치한 나이츠 아머먼트가 개발, 제조하고있다. 스나이퍼 라이플로서 완성된 SR-25를 기초로, 미 육군 특수부대 델타 포스의 요청사항을 받아들여 사용의 편의성을 높이고자 단축화시킨 것이며 경량 16인치 총열을 장착한 무게 3.8kg의 배틀라이플이다(델타 내에서는 'SR-25K' 라고 부른다).

5.56×45mmNATO탄을 사용하는 보병용 소총을 돌격소총이라 하는 데 비해 7.62×51mm탄 (7.62mm NATO)를 사용하는 보병용 소총을 배틀라이플로서 구별하는데, 이는 5.56mm로 대표되는 돌격소총의 위력부족을 통감한 미 특수부대의 요청에 따라 다시 주목을 받게 된 것이다.

현재 생산되는 SR-25E2는 신형 가스시스템과 신형 노리쇠, 신형 총열덮개 등을 갖추며 현재 생각할

수 있는 최상의 요소들을 조합해 만든 배틀라이플이다.

SR-25는 5.56mm NATO탄보다 강력한 7.62mm NATO탄을 사용하는 배틀라이플이다. 근거리에서의 관통력 및 파괴력에서 앞서며, 1,000m에 이르는 거리에서의 저격이 가능하다. 사진은 스나이퍼 라이플로 세팅된 상태.

표준장비된 마이크로 프론트 플립사이트(접이식 가늠쇠). 광학장비를 사용하는 것을 전제로 하는 SR-250이나 고전적인 가늠쇠/가늠자가 접철식으로나마 딸려온다. 소염기는 서프레서(소음기)를 장착할 수 있는 나이츠제 악세사리인 762MAMS 머즐 브레이크.

표준장비인 마이크로 리어 플립 사이트(접이식 가늠자). 거리에 따라 600m까지 다이얼식으로 조절해 정확한 영점을 맞출 수 있으며, 보통은 50m/200m 포지션의 전투 영점을 맞춘 상태로 사용한다.

최신형 URX4총열덮개. 배럴 너트와 한덩어리로 된 것으로, 철저히 경량화를 추구하고 있다. 맥풀이 개발하여 미군에 채용된 M-LOK이 적용되어 있다.

총열덮개 내부에는 E2모델부터 채용된 최신형 가스블록을 탑재하고 있다. 가스 누출을 방지하고자 캐슬넛을 사용하여 가스블록과 가스튜브를 튼튼히 고정하고 있다. 확실히 작동하면서도 이전보다 가스포트가 작아지면서 더욱 사격정밀도를 높이고 있다.

개머리판은 M4카빈과 동일한 사양으로, B5시스템즈에서 제작한 SOPMOD스토크가 기본적으로 제공된다.

탄창은 7.62㎜탄 20발이 들어가는 대형이다. 미군이 사용하는 스나이퍼 라이플용 정밀 탄약인 M118LR은 길이가 길어 맥풀의 PMAG에 들어가지 않는 관계로 나이츠제 스틸 탄창을 사용하고 있다.

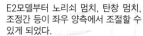

E2모델부터 노리쇠 멈치, 탄창 멈치, 조정간 등이 좌우 양측에서 조절할 수 있게 되었다.

기본 분해 및 기본적 구조는 AR15/M4와 동일하다. 노리쇠 및 노리쇠뭉치는 경질 크롬도금 처리가 되어 있어 오염을 닦아내기 쉽다.

TEXT &PHOTO : SHIN

LaRue Tactical PredatAR .260Remington

100m에서 실시한 사격결과. 탄착군 .304인치로, 스나이퍼라이플의 기준이라 할 1MOA를 넉넉히 통과하였다. 반자동 스나이퍼라이플에서 고정밀경기용라이플 기준인 1/5MOA에 근접하는 정밀도를 실현하고 있다.

라지 프레임 AR은 스나이퍼 라이플로 운용되는 경우가 많다. 그 가운데에서도 라루(LaRue)가 개발한 라루 택티컬 프레데터(PredatAR)는 차세대 정밀 스나이퍼 라이플로서 주목을 끌고 있다. 프레데터는 AR10을 기초로 개발된 총으로, 조작성 및 정비에 관한 사항도 AR10계열과 공유하고 있으나, 스나이퍼 라이플로서 개발된 것이므로 제조과정에서 상부 및 하부 몸통의 결합, 노리쇠 뭉치의 조정 등 더욱 정밀한 가공이

가해지고 있다.

여기서 소개하는 모델이 채용하고 있는 .260 레밍턴탄은 7.62×51㎜ NATO탄을 기준으로 완성된 총기에 총열만을 교체하여 사용할 수 있도록 설계된 것으로, 가늘고 긴 모양의 이른바 로우 드랙(저항 저감) 탄두를 사용하여 공기저항을 적게 받으며 탄도의 직진성을 높여 더욱 먼 거리의 표적에 대해 더욱 정확하게 타격할 수 있도록 한 것이다.

최근 탄도학의 발달로 탄약 성능의 한계가 점점 끌어올려지는 추세인데, 현재 미 특수부대를 중심으로 저격등을 위해 더욱 고성능의 탄약에 대한 연구가 진행중이다.

왼쪽이 .260 레밍턴, 오른쪽이 7.62×51㎜ NATO탄. .260 레밍턴은 7.62×51㎜ NATO탄을 기초로 하여 6.5㎜구경 탄두를 조합하여 완성시킨 것.

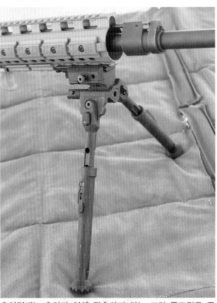

총열덮개는 총열과 일체 접촉하지 않는 프리 플로팅을 구현. 양각대 및 멜빵 등에서 가해지는 하중이 총열에 전달되지 않으므로 높은 정밀도를 유지할 수 있다.

상부 및 하부 리시버는 한쌍으로 가공되어 각각 시리얼 넘버가 각인되어 있다. 총열덮개는 상부 리시버에 볼트 4개로 고정되어 있고, 이것을 풀고 배럴너트를 제거하면 사용하는 탄종에 맞도록 7.62㎜ NATO와 .260레밍턴 총열을 필요에 맞춰 교환할 수 있다.

개머리판과 권총손잡이는 맥풀제로 교체되어 있다. AR은 사수의 취향에 따른 이런 선택의 폭이 넓다.

Patriot Ordnance Factory
P308

PHOTO : Hiro Soga

POF USA는 2002년에 애리조나주에서 창립된 AR라이플 메이커다. 이 P308은 .308WIN을 사용하는 AR10 스타일의 모델로, 상하 리시버는 모두 절삭가공된 것으로, 쇼트 스트로크 어져스터블(조절식) 가스 피스톤시스템 및 총열덮개 상면 레일이 상부 리시버까지 이어지는 모듈러 레일 리시버를 채용하고 있다.

또한 탄피의 목 부분이 닿는 부분의 약실 벽면에 4개의 홈을 가공하여 발사직후에 고압 가스가 이 홈을 통해 흘러들면서 탄피가 약실에 밀착하는 것을 예방, 원활한 배출을 돕는 이른바 E2 듀얼 익스트랙션(2중 추출) 테크놀로지가 적용되어 있는 점이 큰 특징이다. 현재 이 POF P308은 미 연방보안관국을 비롯하여 미국 내에서 30개 이상의 사법기관에 제식 채용되어 있다.

M4 NEWMODEL in SHOT Show 2018

미국에서 선보이는 총기 관련 신제품은 태반이 M4, 거버먼트, 글록과 관련된 것이고, 특히 M4와 관한 제품은 총 본체와 커스텀 파츠 이외에도 각종 장비품에 이르는 여러 신제품이 매년 출시되고 있다. 여기서는 2018년 초에 미국 라스베가스에서 열린 SHOT Show에서 선보인 M4관련 신제품을 소개한다.

SIG SAUER

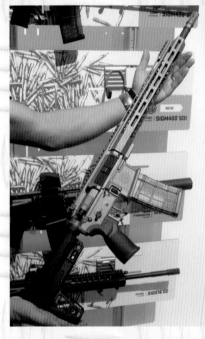

조작계통의 좌우대칭화가 진행되면서 종래의 M4시리즈보다 조작성이 향상된 SIG M400 SDI. 리시버의 경량화 및 개머리판 및 그립의 개량을 통해 커스텀라이플로서도 높은 완성도를 자랑한다.

이제는 완전히 미국 회사가 다 되어버린 시그 사우어(SIG Sauer)는 AR15를 기초로 한 쇼트 스트로크 가스 피스톤방식의 SIG516시리즈와 가스 직결식(DI) SIG M400 시리즈를 제조하고 있다. 택티컬 트레이너 카일 램과 콜라보한 모델 SIG M400 SDI는 MCX에서 선보인 기능이 피드백되어 설계가 보강된 최신모델이다.

LWRC

LWRC는 6.8SPC탄을 사용하는 컴팩트M4로 성공한 메이커이다. 개머리판 내부의 완충장치의 길이를 줄이는 개량이 최근의 유행으로, 사진의 M61C PDW는 짧은 총열의 모델이면서도 가스 피스톤 방식으로 작동하여 신뢰도를 높이고 있는 한편 PDW스토크라 불리는 단축형 개머리판을 채용하고 있다.

완충장치를 개량하여 버퍼 튜브(개머리판의 완충기 튜브. 스톡봉)의 길이를 줄이며 슬라이드식 개머리판의 디자인에도 공을 들여 더욱 컴팩트하도록 하였다.

LMT

고품질 M4시리즈로 알려진 LMT는 독자적인 시스템에 의한 서프레서(소음기) 시리즈를 발표하였다. M4를 기초로 한 몸통에 PDW스토크를 장착하는 한편 소음기까지 덮는 총열덮개를 사용하는 인티그레이티드(통합형) 디자인으로서 전체적인 컴팩트함과 함께 높은 소음효과를 가지는 카빈을 완성시켰다.

배플(격벽)을 사용하지 않는 형식의 소음기가 총열덮개 안에 숨어있다.

독자개량에 따른 짧은 완충기(버퍼) 및 M4용을 더욱 짧게 한 개머리판을 사용하여 길이를 가능한 한도까지 단축시킨 PDW모델이다.

BILLET RIFLE SYSTEMS

M4를 기반으로, 장전손잡이를 좌측에 배치하는 한편으로 AK용 탄창, PDW 스토크를 장착한 '키메라' 타입의 컴팩트 M4. 심플하면서도 높은 완성도를 가지며 M4의 조작성과 AK의 파워를 겸비한 모델이다.

Vltor

Vltor가 참고출품한 것이 최근 유행하는 9mm 파라블럼을 사용하는 AR15이다. 글록용 탄창을 사용하며, 완전히 접어 아주 컴팩트한 상태가 될 수 있는 사이드 폴딩 스톡이 적용된 피스톨 캘리버 카빈(PCC)이다.

TROY

장전손잡이는 몸통의 측면에 위치하여 조작성을 높이고 있다.

TROY Side Action Rifle은 복좌 용수철을 총열 덮개 안쪽에 위치하도록 바꿔 접절식 개머리판을 사용할 수 있게 하는 한편 철저히 경량화에 주목한 M4의 커스텀. 무엇보다 반자동이 아닌 볼트액션(스트레이트 풀) 방식이다.

개머리판을 완전히 접어 휴대성을 높일 수 있다.

SUREFIRE

택티컬라이트로 알려진 슈어파이어의 트레이닝 디비전(전술훈련 부문), 슈어파이어 인스티튜트는 전년도 전시한 폴리머제 AR15 하부리시버에 이어 금년에는 상부리시버까지 완성된 경량 AR15를 발매한다.

TEXT&PHOTO : SHIN

WASR 10/63UF
~ Romanian AKMS ~

발사가스를 오른쪽 위로 집중시켜 반동의 제어를 돕는 단순한 구조의 슬랜트 컴펜세이터는 AKM부터 사용되어 온 형태이다.

사각 홈이 파인 표준적인 형태의 탄젠트형 가늠자는 사격거리에 맞추어 높이 조정이 가능하다.

레밍턴 M81라이플을 참조한 형태로 디자인된 AK의 조정간. 맨 위의 안전위치에 두면 장전손잡이가 왕복하는 부분을 막는 먼지덮개의 역할도 한다.

몸통 좌측에 파인 각인은 엔그레이버펜(각인용 핸드툴)을 사용하여 수작업으로 파낸 것. WASR-10/63UF의 UF는 '언더폴더'(몸통 아래로 접히는 개머리판 장착형)을 의미한다.

아랫쪽 총열덮개는 여러 목재를 겹쳐만든 합판 재질이다.

권총손잡이는 폴리머제이며, 방아쇠는 미국의 부품 메이커 TAPCO제다.

AKS의 S는 'Skladnoy(접히는 것)'을 의미하며 접절식 개머리판 장착형에 붙는 이름이다. 구 독일군의 MP40과 흡사한 형태로 접히는 방식으로 완성되었으며, 전차병이나 공수부대원 등 소총에 높은 휴대성을 요구하는 사용자를 위해 개발된 것.

루마니아의 PM mod.65는 러시아제 AKMS에 해당하는 모델이지만 접절식 개머리판은 AKMS가 아니라 한 세대 전 모델인 AKS47에 준하고 있다. 같은 AKM이라도 생산국 및 시기에 따라 여러가지 특징이 있다.

WASR 10/63 UF(언더 폴더)는 루마니아제의 AKM이다. 1960년대 초반 루마니아는 AKM의 바리에이션을 생산하기 시작하였는데, 1963년에는 고정식 개머리판을 갖는 PM md.63, 1965년에는 접절식 개머리판의 PM md.65의 생산이 시작되었다.

러시아제 AKM에 준하여 자동/반자동의 전환, 총열과 가스피스톤, 가스실린더에 대한 크롬도금 처리 등이 이루어졌고, 독특하게 권총손잡이 모양으로 디자인된 포어그립(전방 손잡이)을 장비하였다. 루마니아는 PM mod.63과 65의 수출에도 적극적으로 나섰고, 그 가운데에서

도 PM mod.10/63은 단발사격만 가능한 민수용 모델로 독자규격의 10발들이 싱글스택(단열) 탄창이 제공되는 한편 일반적인 AK의 탄창을 사용할 수 없도록 한 것이었다.

이는 당시 미국의 수입규제에 따른 것인데, 이것을 수입통관 이후에 미국 국내에서 일반적인 AK용 탄창을 사용할 수 있도록 개조하는 것은 특별히 규제대상이 아니었다.

이에 본 총기를 수입하던 주요 업자이던 센츄리 암즈는 수입한 물품의 리시버를 가공하여 원래의 AK용 탄창을 사용할 수 있도록 하여 싼 가격에 발매, 큰 인기를 끌었다.

이러한 세미오토 스포팅 어설트 라이플(반자동 민수용 돌격소총)에 대한 수입규제가 더욱 까다로와진 최근에는 주요 부품을 해외에서 수입하고 미국제 부품을 이에 결합시키는 형태로 수입 규제를 회피하는 방법이 일반적으로 통용되고 있다.

이러한 수입규제 강화와 함께 AK시리즈의 가격도 오르고 있는데, 여기서 소개하는 WASR 10/63도 필자가 11년 전에 350달러에 구매한 것인데 현재는 가격이 올라 800달러 선에서 거래가 이루어지고 있다.

TEXT&PHOTO : SHIN

AK100 (SGL-31)

AK100시리즈는 러시아 이즈마쉬 공장에서 AK74M을 기초로 하여 수출용으로 제조하고 있는 모델이다. 현재 러시아군의 제식총기인 AK74M과 가까운 것으로, 이즈마쉬공장의 민수용 제품군인 사이가 시리즈에 올라있다. 여기서 소개하는 AK100은 라스베가스의 FIME그룹이 2009년경 AK74M의 민수용 세미오토라이플을 SGL-31이라는 제품명으로 소량을 수입한 가운데의 한 자루이다. 이후 오바마정권의 러시아에 대한 경제제재의 일환으로 러시아제 총기의 수입이 금지됨에 따라 SGL-31 등 러시아제 AK에 대한 수집가의 관심에 따라 거래가격도 오르고 있다.

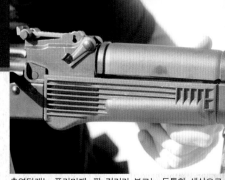

총열덮개는 폴리머제. 팜 컬러라 부르는 독특한 색상으로 만들어져 있다.

AK74부터 채용된 컴펜세이터(소염기 겸 총구 제퇴기). 가스압이 높은 경량 고속탄의 특성과 맞물리며 사격시 반동을 거의 느끼게 하지 않는다. 특별한 훈련 없이도 자동사격으로도 100m 이내의 거리에서는 목표에 명중탄을 기록할 수 있을 것이다.

AK74의 가스블록은 탄약의 가스압이 달라졌기 때문에 AKM과 달리 가스의 이동 방향이 수직으로 변경되면서 AK47과 외견상 구분할 수 있는 포인트가 되었다.

가늠자는 미터법에 따라 표기되어 있다. 사진은 배틀사이트 제로(전투영점) 상태로, 300m 이내의 목표물의 가슴을 조준하면 상반신 어딘가에 명중하게 된다.

조정간은 안전상태에 두면 먼지덮개로 기능하며, 내리면 발사상태가 된다.

권총손잡이와 개머리판 역시 총열덮개와 같은 폴리머제

탄창멈치는 레버형태이다

AK74M 이후 리시버 좌측에 표준설치된 액세서리 레일. 도트사이트 및 나이트비전(야시장치) 등을 결합할 수 있다.

TEXT&PHOTO : SHIN

AK-TANTAL (WZ.88)

폴란드 공화국은 중부 유럽에 위치한 공화국으로, 냉전기간 동안 공산주의 정권의 지배를 받으며 동구권 진영에 속해있다가 냉전이 끝난 이후인 1999년 헝가리, 체코와 함께 북대서양조약기구(NATO)에 가입하였다.

WZ.88 Tantal(이하 탄톨)은 냉전이 한창이던 1974년 소련이 AK74를 채택하자 이에 맞춰 탄약 호환성을 유지하기 위한 5.45×39mm탄을 사용하는 신형 소총으로서 1988년부터 폴란드 국내에서 생산이 시작되었다. 그러나 아이러니컬하게도 곧 냉전이 끝났고, 이번에는 NATO 가맹을 목표로 국가정책을 바꾼 폴란드군은 WZ.88을 NATO의 표준탄약인 5.56mm NATO를 사용하는 버전인 WZ.96 Beryl(베릴)로 교체하기 시작했다. 이처럼 우여곡절을 거친 소총인 탄톨은 냉전 막판에 휘청이던 폴란드라는 나라를 상징하는 AK라 하겠다.

탄톨은 단순한 AK의 복제품에 그치지 않고 독자적인 개량이 가해진 것이다. 총류탄(라이플 그레네이드, 이외에도 총열 아래에 장착하는 유탄발사기도 별도로 생산)를 사용할 수 있도록 개량된 특징적인 소염기, 3점사 기구의 장착 및 고도의 가공기 술에 의해 얻어지는 높은 명중정밀도 등 컬렉터에게 있어 아주 흥미로운 존재이다. 여기서 소개하는 것은 미국의 수입업체인 인터암즈가 탄톨의 파츠 키트(리시버를 절단하고 기타 부품은 분해된 상태로 만들어진 부품키트)를 수입, 미국에서 아머리 USA의 AK리시버에 결합한 민수용 반자동 모델이다.

챔버(격실) 1개와 포트(구멍) 3개가 설치된 머즐브레이크. AK74의 개발목적 가운데 하나가 소구경 고속탄의 사용과 함께 이 머즐브레이크를 통한 반동감소였다. 탄톨은 그 특징을 물려받는 동시에 총류탄 발사 기능도 함께 가지고 있다.

90도로 꺾인 가스블럭과 실린더. 가스의 발생량이 적은 소구경 고속탄으로도 확실하게 작동할 수 있도록 가스포트를 줄인 것이 AK47/AKM으로부터 바뀐 부분이다.

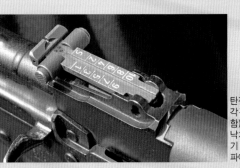

탄젠트 타입 가늠자. 1~10(각각 100~1000미터를 뜻함)까지 각 거리의 탄두의 낙차를 계산하여 명중시키기 위한 거리 조절용 눈금이 파여있다.

총열덮개 상부는 수지제, 하부는 합판제이다. 참고로 AK74의 하부 총열덮개가 좌우로 부풀어있는 것은 어두운 곳에서도 AK47이냐 74냐를 알 수 있도록 하기 위한 것이다.

접절식 스토크는 와이어를 가공한 것. 힌지 부분은 튼튼하나 개머리판(스토크) 자체의 강도는 그리 높다 하기 어렵다.

실제 사격시 총구가 튀어오르는 현상은 거의 없으며, 자동사격시에도 제어가 쉽다. 탄톨이 채용한 독특한 머즐브레이크의 효과가 매우 높기 때문.

5.45×39mm 탄이 들어가는 폴리머제 탄창. 독특한 색상 역시 AK47과 74용을 구분하도록 한 조치이다.

SLR-106F
MODERNIZED CUSTOM

TEXT&PHOTO : SHIN

불가리아의 Arsenal제 SLR-106F는 러시아의 AK시리즈를 기초로 하여 독자적인 업데이트를 추가하여 5.56×45㎜탄을 사용하도록 한, 불가리아판 AK74에 해당하는 바리에이션이다. 뛰어난 내구성을 갖는 AK시리즈는 커스텀 파트를 사용한 개조를 통해 M4카빈이 가지지 못하는 매력을 갖는 소총으로 진화시킬 수 있다.

루마니아제 AKMS와 비교해 본다. 전혀 다른 곡선을 그리는 5.56×45㎜탄용 탄창 이외에도 여러군데의 개량점을 볼 수 있다.

M4에 가해진 커스텀과 마찬가지로 악세사리를 운용하기 위한 레일 등이 설치된 총열덮개, 도트사이트 등의 광학기기, 사용하기 편한 방아쇠, 조정간, 파지감이 개선된 권총손잡이 등이 설치되어 있다.

AK74부터 채용된 머즐 디바이스. 컴펜세이터와 머즐브레이크를 조합하여 효과적으로 반동을 억제한다.

맨티코어 암즈제 키모드 핸드가드를 장착.

슈어파이어 X300 울트라와 에임포인트 T1 도트사이트를 장착.

탄창 내 잔탄 숫자를 확인할 수 있는 반투명 폴리머 매거진은 서클10이라는 회사의 제품.

방아쇠는 ALG제 커스텀 트리거. 가볍고 끊기는 느낌이 좋은 방아쇠압력이 설정되어 있다. 그립은 맥풀제.

조정간에 추가된 돌기는 손잡이를 쥔 상태의 오른손 검지로도 조작할 수 있도록 하는 것

개머리판에 위장테이프를 감아 반동에 의해 뺨에서 미끄러지는 것을 방지한다

AK시리즈의 약점은 액세서리의 부착이 쉽지 않다는 점이지만, 총열덮개를 커스텀 제품으로 교체하여 도트사이트, 레이저, 웨폰 마운트 라이트 등 액세서리를 부착할 수 있다. 내구성에 있어 M4를 능가하는 AK시리즈 가운데에서도 불가리아의 SLR시리즈처럼 현대적인 제조공법으로 만들어진 것은 정밀한 총열을 부착하고 있기 때문에 명중률 역시 기대할 수 있다. 조작성을 높이는 액세서리와 이 액세서리들을 사용할 수 있게 해 주는 플랫폼을 부착하면 AK는 M4가 갖지 못하는 우수한 특징을 갖는 소총으로 변신할 수도 있는 것이다.

KTR SPEED LOAD SYSTEM
(KTR-08)

TEXT : SHIN

AK의 현대화 커스텀의 선구자라 할 크렙스 커스텀(KTR)은 원래 갈릴을 기초로 제품을 만들던 업체이지만 그 방침을 변경한 뒤 AK의 약점인 확장성을 철저히 개량하여 만들어낸 것이 여기에서 소개할 총기인 KTR-08이다. AK시리즈도 레일시스템을 도입하여 M4 못지않은 확장성을 확보하였으나 AK 특유의 탄창멈치 형태로 인해 재장전 과정만큼은 M4의 속도와 편리함에 따르지 못한다. 이 부분을 해결한 것이 크렙스 커스텀의 스피드 로딩 시스템으로, 위에서 말한 결점을 보완하기 위해 권총손잡이를 쥔 손의 검지로 탄창멈치를 누르기만 하면 탄창이 분리되도록 하는 개량 및 탄창을 밀어내는 스프링을 추가하는 등의 개량이 이루어졌다.

스피드로딩 시스템의 또하나의 특징은 매그웰(확장형 탄창 삽입구)의 추가이다. 리시버의 결합부에 탄창의 돌기를 걸고 이를 축으로 회전시키듯 탄창멈치에 결합시키는 AK에 있어 맥웰의 추가는 탄창을 신속히 결합하는 데 큰 역할을 한다

매그웰은 스테인레스 판재를 프레임에 용접한 단순한 것. 크렙스 커스텀은 AK의 제조방법 및 스타일에 대한 연구와 이해도가 높은 바, 추가된 부품은 기존 총기와 원래부터 한 덩어리인 듯 한 일체감을 갖는다.

탄창 멈치 안쪽에 판 스프링을 설치, 탄창 멈치를 밀기만 하면 자동적으로 탄창이 분리되게 하였다. 멈치 자체도 오른쪽으로 연장되어 권총손잡이를 쥔 상태에서도 손잡이를 쥔 손의 검지로 조작할 수 있도록 하였다.

M4와 동일한 형태의 소염기를 장착하였다.

알루미늄 합금 절삭가공으로 만들어진 총열덮개는 상하좌우에 레일이 설치되어 높은 확장성을 확보하였다. 측면의 구멍은 방열과 함께 경량화를 위한 것.

조정간 아래에는 검지손가락으로 조절할 수 있도록 탭이 추가 설치되어 있다.

권총손잡이는 M249 미니미와 같은 형태의 것. AK의 순정부품은 너무 가늘어서 한손으로 지지하기 어려운 측면이 있었으나 이와 같이 대형화하여 조작성이 향상되었다.

길이조절이 가능한 VLTOR제 개머리판을 장착하여 바디아머 착용시 등에 대응하도록 하였다.

AK는 몸통덮개 윗면에 광학장비를 설치하는 것이 쉽지 않은 형태이므로, 리시버 커버 위에 브리지 형태의 솔리드탑 레일을 추가하여 정밀한 광학조준장비를 사용할 수 있도록 하였다.

KTR-09

KTR-09는 크렙스 커스텀의 대표작이라 할 만한 제품으로, 또 다른 AK바리에이션이라 할 이스라엘의 갈릴을 참고하며 M4의 사용 편의성을 융합한 것이다. 프레스가공으로 만들어진 경량 리시버에 가볍고 좁은 폭의 총열덮개를 장착하고 리시버 커버에도 솔리드탑 레일을 장착하고 있다. 이런 개량을 통해 광학장비, 레이저, 플래시라이트 등 돌격소총에 필요한 장비를 확실히 장착할 수 있는 플랫폼으로 기능할 수 있도록 한 것이 특징이다. 덧붙이자면 화제의 애니메이션 '소드아트 온라인 얼터너티브: 건게일 온라인'에 등장하는 캐릭터가 사용하여 유명해진 듯 하다.

상부 레일은 AK의 구조상 가장 튼튼한 부위인 트러니온 부분과 개머리판 장착부를 잇는 브리지 형태로 만들어져 있다.

상부 레일은 한덩어리의 알루미늄 합금 블록을 깎아 만든 것으로, 당연히 피카티니 규격을 따른다. 뒷쪽에는 M16A2와 유사한 조절식 가늠자가 내장되어 있고, 개머리판과 상부레일의 위치관계가 M4와 같도록 되어 있어 견착하면 자연스럽게 조준선이 시선과 일치하도록 되어 있다. KTR-09의 편리성을 볼 수 있는 부분이다.

AK의 오른편에 설치된 조정간은 권총손잡이를 놓은 오른손으로 조작하는 것을 전제로 하고 있으나, KTR-09는 사진에서 보이듯 권총손잡이 왼편에 추가된 조정간을 통해 조작할 수도 있도록 하여 M4와 비슷한 조작감을 갖도록 하였다.

몸통 오른쪽의 조정간에도 사진과 같이 장전손잡이를 후퇴상태로 고정시킬 수 있도록 홈이 파여있다. 이 조정간은 권총손잡이 왼편의 조정간과 연동되어 있다.

총기의 손질 등이 필요할 경우, 상부레일 뒷편의 고정용 블록을 뒤쪽으로 당겨 고정을 해제하면 레일 전체를 윗쪽으로 열 수 있다. 이러면 리시버 커버를 분리할 수 있다.

손잡이를 잡은 오른손의 엄지로 조작할 수 있는 조정간. 뒤쪽으로 당긴 상태가 안전상태.

손잡이의 크기, 총열덮개의 두께, 가늠자/가늠쇠의 위치 등이 절묘하게 조합되어 사격자세를 잡으면 대단히 안정되는 느낌을 갖게 한다. AK는 튼튼하며 가장 신뢰성이 높은 소총임에는 틀림없으나 인체공학적으로 우수하다고 하기는 어렵다. 크렙스 커스텀은 AK의 장점을 그대로 둔 채로 M4의 우수한 조작성을 부여하였다 하겠다.

PMC(민간군사회사)는 군대를 대신하여 유인, 시설, 차량 등의 경호, 군사교육, 병참, 때로는 직접 전투를 포함한 군사분야의 서비스를 제공하는 민간조직이다. 냉전이 마무리되며 여러 나라에서 군축이 진행됨에 따라 사회로 나오게 된 인원이 증가하는 한편으로 민족분쟁 및 테러 등에 따라 새로운 스타일의 군사조직이 필요하게 됨에 따라 1980년대 말에 탄생한 군사산업으로, 9.11사태 이후 테러와의 전쟁을 거치며 급격한 성장을 이룬다.

미군은 이라크전과 아프간전쟁을 통해 여러 국면에서 PMC를 활용하는 아웃소싱을 진행하고 있으며, PMC에 몸담게 되는 인원의 상당수가 미군에 소속되어 있던 인원이기 때문에 M4를 위시한 서방세계의 무기체계에 익숙해 있다. 이들에게 있어 현지에서 지급받은 AK는 다루기 불편한 것으로, 이를 개선하기 위한 작업이 '모더나이제이션(Modernization)', 즉 현대화개량이다. PMC는 민간기업이므로 사용하는 장비에 대한 제한이 적다보니 현지에서 AK47 및 74에 이런저런 개량을 시도하였다.

서방측을 대표하는 M4의 인체공학적으로 우수하며 확장성이 높다고 하는 장점을 AK에 적용하는 동시에 M16/M4에 익숙한 사용자가 위화감없이 사용할 수 있도록 하는 것을 목적으로 하고 있다. 현대화가 적용된 AK의 흐름은 크게 두 갈래인데, 하나는 개량된 부품을 장착한 상태로 제조된 양산형 업데이트 AK이고 또 하나는 각 사용자가 간단한 공구를 사용하여 부품을 교환하여 개조하는 추가형(애드온) 방식이다. 여기서는 미 특수부대 출신인 마이크 패논의 모더나이즈드 AK 커스텀을 보도록 하자.

TEXT&PHOTO : SHIN

MODERNIZED AK CUSTOM
by Mike Pannone

AK47이 발생시키는 큰 머즐 플래쉬(총구 화염)를 저감시키는 보텍스 플래쉬 하이더 (소염기)

리시버 우측의 조정간에는 아랫 부분에 검지로 조정할 수 있는 연장 탭이 달려있을 뿐 아니라 상부에도 장전손잡이를 걸어 노 리쇠뭉치를 후퇴위치에 고정시 킬 수 있도록 하는 안전상태 유 지용의 홈이 파여 있다. 사진의 총에는 구 동독제 폴리머 매거 진을 장비하고 있다.

총열덮개는 SAMSON사 제품으로, 상하좌우의 피카티니 레일을 통 해 액세서리를 추가할 수 있다. BMC제 스터비 포어그립과 EOTech 의 광학장비를 사용하고 있다.

MAK-90 CUSTOM

기본이 되는 총기는 중국 노린코가 미국수출을 위해 제조한 MAK-90으로, 중국제 AK는 상당히 높은 평가를 받고 있다. 총 본체에 손을 대지 않으면서 외장부품을 교환하는 방식의 모더나이즈가 이루어져 있다.

개머리판은 M4 용 신축형 장착.

반동을 경감시키기 위한 PWS제 컴펜세이터

크렙스 커스텀의 총열덮개. AK의 경우 포어그립은 탄창교환에 방해가 되지 않는 짧은 타입만을 사용할 수 있어 BCM제 스터비 포어그립을 사용. 조준장치는 에임포인트 M.

조정간은 역시 연장탭이 있는 것. 사용된 권총손잡이는 어고(Ergo)그립이라는 업체의 제품.

이집트제 AKM을 기초로 일리노이주에 위치한 크렙스 커스텀(KTR)이 조립한 모더나이즈드 AK. 리시버의 교정(뒤틀림등의 문제를 해결), 더 정밀한 총열로의 교환, 방아쇠의 튜닝 등이 이루어진 토탈 패키지 상품이다.

조정간의 홈에 장전손잡이를 걸어 노리쇠를 후퇴고정시킬 수 있다. 노리쇠를 후퇴고정한 상태로 유지하는 것은 안전관리와 함께 과열방지를 위한 것이다.

독특한 모양의 접절식 개머리판. 갈릴용 한지 부분을 사용하는 커스텀메이드 제품.

개머리판은 접힌 상태에서도 드럼 탄창을 사용하는 데 방해되지 않도록 설계되어 있다.

AK를 다루는 데 있어 중요한 것이 장갑이다. 맨손으로는 단 하루만 다루어도 이곳저곳에 상처를 입게 된다.

빠른 조준이 가능한 것 외에도 사진처럼 변칙적인 자세의 사격에도 큰 도움을 주는 것이 광학장비의 또 다른 장점.

조정간 위에 검지를 올려두면 재빠른 조작이 가능해진다

상부덮개를 제거한 상태에서도 기계적 문제를 일으키지 않고 사격할 수 있다. 상부덮개 내부는 상당부분이 빈 공간으로, 총 내부에 오염물질이 들어와도 방아틀 뭉치 안까지 파고들기 전에는 사격에 거의 영향을 주지 않는다.

어느 총기나 마찬가지겠으나 탄약이 원인이 되는 복잡한 작동불량이 발생한 경우 총에서 탄알을 제거한 후 다시 장전하면 문제는 해결된다. 탄창을 제거하고 장전손잡이를 당긴다.

장전손잡이를 당긴 상태에서 탄창삽입구 및 탄피배출구를 통해 손가락을 넣어 안에 걸려있는 탄약을 끄집어낸다

탄창의 불량이나 약실에 탄피가 늘어붙는 등 여러 작동불량을 재현한 AK를 늘어놓고 눈을 가린 채 이들 문제를 해결하는 연습. 총의 구조와 사용감을 익히기 위한 것이다.

THE AK CUSTOM
& AK74
By Hiro Soga

MINI-DRACO 피스톨
ROMARMS/CUGIR제 총기 베이스 7.5인치 총열 7.62×39mm
미드웨스트 인더스트리제 핸드가드(총열덮개)/레일
Made in USA 불가리아 스타일 4피스 소염기
US Palm제 권총손잡이
스트라이크 인더스트리제 포어그립

해병대 스카웃 스나이퍼 출신인 전술 교관인 빅터 로페스가 손을
댄 Made in USA의 AK. 실사 테스트를 함께 하면서 커스텀 AK
의 매력을 여러분께 전해드린다.

3정의 AK

해병대 스카웃 스나이퍼 출신으로 현재는 LAPD의 경관이자 전술 훈련 업체를 경영하고 있는 빅터 로페스. 그가 AK에도 손을 댔다.

「AK라는 것은 확실히 나한테는 인연이 많은 총이지. 이라크나 아프가니스탄에서는 적군이 손에 들고 있던 총이고, AK라고 해도 47(7.62×39mm)이냐 74(5.45×39mm)이냐에 따라 그 위력이나 탄착군의 조밀함등이 차이가 난다고. 무엇보다도 우리가 사용하는 M4와의 가장 큰 차이는 유지보수의 용이함이지. 내가 현역이던 시절에 이라크에서는 기지에 가면 M4를 소제하는 것이 매일의 일과였다. 그런 면에서 따지면 AK는 모래따위는 신경쓰지도 않고 작동했어. 최근에는 캘리포니아에서 총기 규제도 심해지고 있으니 그 동안 마음에 두고 있던 AK를 최대

한 많이 사 모으고 있지.」
이번에 빅터가 손을 댄 AK는 아래에 소개하는 3정이다.

- Mini-Draco
  ROMARMS/CUGIR製
  7.62×39mm탄
  7.5인치 총열

- SAIGA AK라이플
  MDC커스텀
  7.62×39mm탄
  16인치 총열

- AK74 MDC
  (Median Defense Cooperation)
  사 제품
  5.45×39mm탄
  16인치 총열

빅터 로페스는 커스텀 총열이니 조준 체계, 레일등을 좀 더 좋은 것으로 쓰고 싶었던 보양이지만 입수가 쉽지 않다 보니 이번에 여러분께 보여드리는 셋업이 되었다고 한다.

개머리판처럼 보이는 브레이스(팔걸이)를 접은 상태. 이러면 길이가 17인치(약 43cm)에 불과하다. 배낭이나 컴퓨터 케이스등에도 쉽게 넣고 다닐 수 있는 수준이다

SAIGA AK 라이플 커스텀

7.62×39㎜탄
14.5인치 총열＋머즐 브레이크 용접＝합법적인 16인치 총열
MDC사제 가늠쇠 베이스(FSB)/가스 블록

AK74

· 5.45×39㎜탄
· MDC제 리시버＋불가리아제 파츠 키트(16인치 총열, 노리쇠뭉치, 방아틀뭉치, 권총손잡이, 개머리판)
· MDC제 조정간 레버
· MDC제 해머/방아쇠
· 3파운드 방아쇠 조정 by MDC

MINI-DRACO(미니 드레이코). 7.5인치 총열로 7.62×39㎜탄을 사용한다. 발사시에는 컨커션(충격파)도 강력하게 발생한다. 미드웨스트 인더스트리에서 만든 핸드가드는 한 탄창 쏘고 나면 맨손으로는 못 잡을 정도로 뜨거워진다. 그 때문에 스트라이크 인더스트리에서 만든 폴리머 핸드가드를 부착했다.

미니 드레이코의 머즐 블래스트(총구 화염). 소염기 덕분에 불꽃은 앞으로 길게 뻗었다. 5발에 1발은 이처럼 화려한 총구 화염을 감상할 수 있다.

이번에 사용한 탄약. 왼쪽부터 WOLF의 5.45×39㎜탄. 탄두 중량 60그레인의 FMJ탄두, WOLF의 7.62×39㎜탄 123그레인 FMJ탄두, 유고슬라비아제 군 불하품 7.62×39㎜ 124그레인 FMJ탄두. 왼쪽의 2종은 철심이 들어있고 탄피도 철제이며, 1발에 20~25센트로 구입 가능. 오른쪽의 유고제 군 불하탄은 1발에 40센트이다.

경쾌하게 작동하는 SAIGA AK.

낮에도 보이는 총구화염.

정밀도 테스트는 50야드에서 실시. 의자의 등받이에 총을 거치한 간단한 수준이다.

사 격

이번 실사격에서는 7.62×39㎜와 5.45×39㎜를 새 총을 길들이기 위한 목적으로 대량으로 사격했다. 탄약은 값싼 철제 탄피를 사용하는 울프 브랜드의 탄약 외에도 정밀도 테스트를 위해 유고슬라비아제 M67이라는 1983년제의 군용 불하 탄약을 사용했다. 이 탄약은 탄피가 황

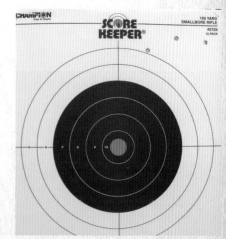

이것이 최선의 결과. 이 표적에서의 탄착군은 그럭저럭 모여있지만 따로 쏜 두 번의 탄착군은 이것보다 나빴다. 평균으로는 6인치(약 150㎜)정도였다.

동으로 만들어졌다.

기능 테스트나 영점 조절도 겸해 실시된 사격이었다. 7.62×39㎜탄에 7.5인치 총열의 미니 드레이코는 만만찮게 날뛰는 총이었다. 반동, 폭압(컨커션: 충격파)이 대단한 것은 당연한 이야기이고, 여기에 더해 종종 시야 전방에 발생하는 총구 화염까지 사수를 괴롭힌다. 머즐 브레이크가 효과적으로 작동된다고 여겨지는 같은 구경의 SAIGA커스텀과 비교하면 그야말로 쏘는 감각은 하늘과 땅 차이다.

AK74의 5.45×39㎜탄은 더욱 쏘기 쉬웠다. M4카빈(무게 6파운드:약 2.7㎏)보다도 1파운드(약 450g)이나 무거운 본체에서 가스 피스톤 방식의 무거운 노리쇠가 움직이는 만큼 반동도 마일드하게 느껴졌기 때문이 아닐까? 덕분에 사격 느낌은 쾌적 그 자체였다.

정밀도 테스트의 결과는 흔히 말하는「AK 정밀도」그 자체로, 50야드(45m)에서 2인치(약 50㎜)에서 6인치(150㎜) 사이의 탄착군이 나왔다. 즉 미니 드레이코는 예외로 치자면 150야드(약 135m)정도 거리에서는 쓸만한 전투용 소총으로 활용할 수 있다는 이야기다.

앞으로도 AK용의 부품이나 액세서리는 꾸준히 발매될 것이 뻔한데, 그것들을 잘 활용하면 AK 시리즈는 상당히 매력적인 소총으로 다듬을 수 있을 것 같다.

왼쪽부터 MDC사의 리시버를 사용해서 제조한 AK74 (5.45×39㎜), SAIGA AK커스텀(7.62×39㎜), MINI-DRACO(7.62×39㎜).

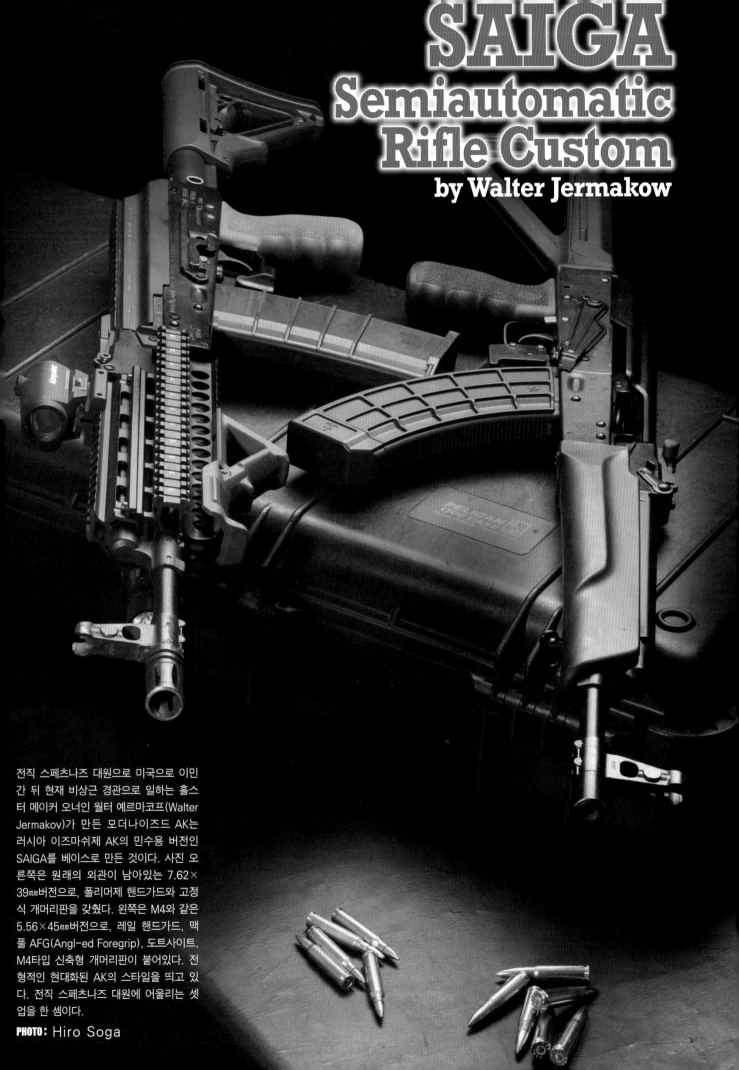

SAIGA
Semiautomatic Rifle Custom
by Walter Jermakow

전직 스페츠나즈 대원으로 미국으로 이민 간 뒤 현재 비상근 경관으로 일하는 홀스터 메이커 오너인 월터 예르마코프(Walter Jermakov)가 만든 모더나이즈드 AK는 러시아 이즈마쉬제 AK의 민수용 버전인 SAIGA를 베이스로 만든 것이다. 사진 오른쪽은 원래의 외관이 남아있는 7.62×39㎜버전으로, 폴리머제 핸드가드와 고정식 개머리판을 갖췄다. 왼쪽은 M4와 같은 5.56×45㎜버전으로, 레일 핸드가드, 맥풀 AFG(Angl-ed Foregrip), 도트사이트, M4타입 신축형 개머리판이 붙어있다. 전형적인 현대화된 AK의 스타일을 띄고 있다. 전직 스페츠나즈 대원에 어울리는 셋업을 한 셈이다.

PHOTO: Hiro Soga

M4 vs. AK

AIRSOFT ALL
REVIEW

PN:05-190 REV. B

HK BC

88-081699

TOKYO MADE

HK

HK 416 D
Cal. 5.56 mm x 45

에어소프트도 영원한 라이벌!
M4 와 AK 에어소프트 철저비교

에어소프트의 세계에서도 어썰트라이플 (돌격소총) 의 인기를 양분하는 AK 와 M4. 여러 나라의 메이커에서 출시되고 있으며 커스텀 부품도 풍부한 라인업을 이루고 있다 . 여기서 는 M4 vs AK AIRSOFT ALL REVIEW 라는 주제로 에어소프트건의 M4 와 AK 를 각각 최신 모델을 기준으로 비교해 보자 . 다양한 종류의 기성품은 물론이고 커스텀건에 이르기 까지 두 총의 특징과 매력을 철저하게 해부해 보자 .

요즘 M4에서는 표준이 된 대형 장전손잡이가 멈치+양손조작 가능 개조가 된 장전손잡이.

장갑을 낀 상태에서도 조작이 쉽도록 넓혀진 방아쇠울과 스트레이트 타입 방아쇠가 달려있다.

눌리는 부분이 대형화된 노리쇠멈치와 좌우대칭화되어 왼쪽에서도 누를 수 있게 된 탄창멈치.

경량화를 위해 트위스트 형태로 만들어진 16인치 총열을 재현한 아우터 배럴.

우측의 패들형 노리쇠멈치는 내리면 노리쇠가 전진한다. 탄창멈치 버튼 부분도 대형화되었다.

도쿄 마루이

가스 블로우백 커스텀

MTR 16

최신 커스텀 트렌드를 선보인 M4 커스텀의 등장

도쿄 마루이의 가스 블로우백(GBB) M4A1 MWS시리즈 중 최신작으로 만든 것이 MTR16이다. MTR16은 「멀티 택티컬 라이플 16인치(Multi Tactical Rifle 16in)」의 약자로, 미국에서 가장 많이 보급된 16인치 총열의 M4커스텀을 도쿄 마루이의 독자적인 방향으로 어레인지한 것이다. MWS시리즈 최초의 오리지널 커스텀으로, 실총의 최신 트렌드를 최대한 집약해서 슈터(사수) 시선에서 적용된 커스텀이 곳곳에 보인다. 여기에 더해 시리즈 공통의 Z시스템과 직경 19의 대형 피스톤을 탑재한 블로우백 엔진과 우수한 가변 홉업 시스템을 채택했다. 가스 블로우백 특유의 리얼한 조작감이나 실사격 감각을 체감할 수 있는 이 총은 도쿄 마루이의 센스가 빛나는 현대 유행 최첨단의 M4커스텀이다.

※사진은 시제품입니다. 양산품과는 다소 다를 수 있습니다.

어깨받이 아래의 연장부(익스텐션)을 떼면 피카티니 레일이 나타난다. 여기에 저격에 편리한 모노포드등을 달 수 있다.

MTR16을 상징하는 커스텀 부품인 트랜스폼(변신) 스톡(개머리판).

사이드 트윈포트(좌우 구멍 하나씩) 머즐 브레이크.

개머리판 아래의 익스텐션을 컨벡션(내곡선)형으로 셋업한 모습.

반대로 컨케이브(외곡선)형으로 셋업.

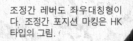

조정간 레버도 좌우대칭형이다. 조정간 포지션 마킹은 HK타입의 그림.

풀 렌스의 M-LOK사양 핸드가드를 재현.

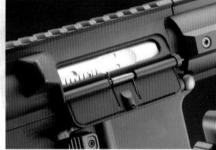

수지제 탄피배출구 커버를 열면 은색으로 도색된 노리쇠뭉치가 보인다.

노리쇠 전진기는 제거되고 그 자리에 마개가 박혀 덮여있다.

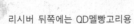
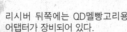

리시버 뒤쪽에는 QD멜빵고리용 어댑터가 장비되어 있다.

버티컬(수직)형 권총 손잡이.

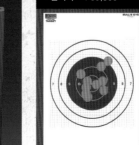

20연발 타입의 탄창.

DATA

- 길이 : 837mm / 919mm (개머리판 펼칠 때)
- 높이 : 184mm ■ 폭 : 63mm
- 무게 : 2,677g ■ 탄창용량 : 20발
- 현지가 : ¥69,800

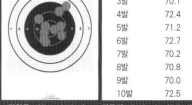

	탄속 (m/s)
1발	72.4
2발	72.8
3발	70.1
4발	72.4
5발	71.2
6발	72.7
7발	70.2
8발	70.8
9발	70.0
10발	72.5

■ 탄착군 : 85mm (20m) ■ 평균치…71.5m/s (0.51J)

차세대 전동건
HK416 델타포스 커스텀
블랙버전

장전손잡이를 당기면 홉업 조절용 다이얼이 나타난다.

어깨받이 아래의 연장부(익스텐션)을 떼면 피카티니 레일이

8.4v 니켈 수소 1,300mAh SOPMOD배터리는 개머리판 내부에 수납된다.

강철 프레스제 외피를 채택한 탄창.

최정예 대테러부대 델타포스용 HK416D 에 블랙 모델 등장

색조가 다른 5색의 탠(Tan)컬러를 사용한 색상을 통해 유저들의 인기를 얻은 도쿄 마루이의 차세대 전동건 HK416 델타 커스텀에 블랙 타입이 등장했다. 전작에서는 작은 부품류를 제외한 메인 부품류는 탠 컬러로 만들어졌지만 블랙 타입은 상징과도 같은 SMR HK타입 레일 핸드가드나 리시버는 물론 추가 레일이나 TD그립, 크레인 타입 개머리판에 이르기까지 검정색 일색으로 바뀌었다. 전작과 마찬가지로 델타포스식 장착방법에 맞춘 플립업 가늠자, SF(슈어파이어)타입 소염기, 숏&리코일 엔진, 최종탄이 발사되고 나면 작동이 멈추는 오토 스톱 기능등이 탑재되어 있다.

DATA

- 길이 : 713mm / 790mm(개머리판 펼칠 때)
- 높이 : 226mm　　■ 폭 : 72mm
- 무게 : 3,250g　　■ 탄창용량 : 82발
- 가격 : ¥75,384 (일본 현지가)

KSC

헤클러 & 코흐
HK416 ERG

다이캐스트제 리시버에
는 실총과 같은 각인이
재현되어있다.

실총과 같은 디테일과 앵글(각도)
이 재현된 권총손잡이.

탈착 가능한 최신형의 플립업 리
어사이트(가늠자)도 재현.

조정간은 좌우 모두 실제처럼 작동.

가짜 노리쇠뭉치에는 HK로고가 박혀있다.

미군 특수부대가 채용한
HK416 을 ERG 로 재현

미군을 필두로 세계 각국의 특수부대가 채용하고 있는 HK416이
리얼한 디테일과 실총을 방불케하는 반동의 느낌, 재장전 액션
이 즐거운 ERG(Electric Recoil Gun)시리즈로 등장했다. 독일
UMAREX사에서 인정하는 HK의 공식 라이센스 모델로서 각인
뿐 아니라 ERG최초의 앰비(좌우대칭)사양 조정간, 최신형 백업
사이트, HK스타일 탄창을 충실하게 재현했다. 신형 하이 사이클
(고회전수) 모터를 채용한 덕분에 샤프하고도 스피디한 사격감
을 실현한 것도 장점이다.

바닥에 HK각인이 들어있는 HK타입 탄창.

DATA

- ■길이 : 832mm / 906mm (개머리판 펼칠 때)
- ■무게 : 3,795 g
- ■탄창용량 : 30발 / 60발
- ■가격 : 미정

가스 블로우백
헤클러 &코흐 HK417

HK417전용 폴리머 탄창. 탄창 용량은 37발.

KSC 최초 , 7.62mm 구경의
자동 / 반자동 전환식 가스 블로우백

어느 나라의 특수부대나 미군에서도 파생형인 M110A1 CSASS가 채용된 H&K의 HK417을 독일 우마렉스(UMAREX)의 공식 인증에 의해 H&K의 공식 라이센스 모델로 가스 블로우백 모델로 재현한 총이 이것이다. 오작동 방지용의 돌출부가 추가된 리시버, 좌우대칭형의 탄창멈치나 조정간, 최신형의 개머리판, HK417 전용 탄창 등등 최신 모델의 디테일은 물론 각부에 새겨진 각인도 리얼하게 재현했다. 이 회사에서 만든 7.62mm구경의 가스 블로우백 모델로는 최초로 풀 오토(연발) 기능을 탑재했다. 새로 설계한 알루미늄 다이캐스트제 볼트 캐리어(노리쇠뭉치)가 채용되어있다. 배틀라이플 특유의 묵직한 쏘는 맛이 일품이다.

핸드가드 앞쪽에 있는 가스 레귤레이터(가스 조절기)는 실물과 마찬가지로 가동된다.

KSC 최초의 완전자동(연발) 모드를 탑재한 최신형의 리시버.

HK416과는 형태가 다른, 탈착형의 플립업 사이트 장착.

탄창 멈치나 노리쇠 멈치등의 조작계는 앰비, 즉 좌우대칭 타입이다.

AR15계열에 비해 한 둘레 굵어진 버퍼 튜브.

DATA
- 길이 : 822mm / 902mm (개머리판 펼칠 때)
- 무게 : 4,360 g   ■ 탄창용량 : 37발   ■ 가격·발매일 : 미정

G&G 아마먼트
CM16 SRL
배틀쉽 그레이 버전

**가볍고 터프한 CM16 시리즈에
배틀쉽 그레이 모델이 등장**

경량이고 단단한 강화수지
제 리시버와 MOSFET을 표
준장비한 G&G아마먼트의
전동건, CM16 SR시리즈에 배틀
쉽 그레이 색상의 버전이 라인업에 가세했다.
그 이름 그대로 과거의 전함 색상을 방불케 하
는 회색의 컬러링을 하고 있는데, 상황이나 장
비에 관계없이 어디에도 잘 어울리는 색상이
라 할 수 있다. 키모드 핸드가드나 좌우 대칭형
탄창멈치, GOS-V3 개머리판, 플립업 사이트,
MOSFET, 대용량 탄창등이 기본으로 부속되어
발매되고 있다.

장전손잡이를 당기면 홉업 조정 다이얼이 나타난다.

좌우 대칭형 탄창멈치가 달려있는 강화
수지제 리시버.

3점사가 가능한 MOSFET을
표준 장비했다

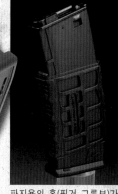

파지용의 홈(핑거 그루브)가
설치된 탄창

DATA
- 길이 : 810mm (개머리판 펼칠 때)
- 무게 : 2,295g ■ 탄창용량 : 300발 ■ 일본 현지가: 오픈

CXP-MMR
카빈 401

M-LOK 을 채택한
ICS CXP 시리즈의 최신 모델

독자 설계의 상하분리식 기어박스를 채택, 기능성을 추구한 디자인 접근법을 활용한 것으로 유명한 ICS의 전동건 CXP시리즈에 ICS최초로 엠락(M-LOK)을 채택한 핸드가드가 부속된 「MMR」이 추가되었다. 배럴이나 핸드가드의 길이에 따라 풀 렝스(풀사이즈)의 DMR, 카빈 렝스(카빈 길이)의 Carbine, 숏 렝스(단축형)의 SBR이라는 세 가지 타입으로 나뉜다. 색은 각각 블랙과 탠(Tan)색이 있다. 오리지널리티가 풍부하고 사용감도 매우 좋다.

CXP시리즈 최초로 핸드가드에 설치된 M-LOK.

개머리판 안에 배터리가 수납되는 리어 와이어드(후방 배선) 모델이다

측면에 잔탄 확인용 창이 부속되어 있는 독특한 디자인의 탄창

ICS제 전동건의 특징인 상하 분리후 정비가 가능한 기어박스.

DATA
- 길이 : 835mm / 930mm (개머리판 펼칠 때)
- 무게 : 2,890g ■ 탄창용량 : 300발
- 가격 : 오픈

도쿄 마루이

차세대 전동건
AK74MN

기념할만한 차세대 전동건 시리즈 제 1 탄 부활

2007년 끝무렵에 차세대 전동건 시리즈의 제1탄으로 발매된 모델,
「AK74MN」은 수년전에 생산이 종료되었다. 하지만 사용자들의 뜨거
운 요청에 부응하기 위해 부활했다. 이즈마쉬제 AK시리즈의 특징인 폴
리머제 핸드가드와 전용의 폴리머제 개머리판이 붙어있는 풀사이즈의
AK는 검은색 표면처리로 통일된 굳건한 이미지를 이어받았다. 리시버
를 포함, 각부분의 부품들도 금속제 부품을 대대적으로 활용해 중후한
느낌과 중량감을 연출했다. 또 강도 자체도 상당히 높게 재현되었다.
재생산을 기다리고 있던 사용자들은 물론이고 과거에 가지고 있던
사용자들 역시 발매되었을 때의 충격을 떠올리며 새로 사 볼 가
치가 충분히 있다고 본다.

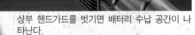

상부 핸드가드를 벗기면 배터리 수납 공간이 나
타난다.

가변 홉업의 조정은 장전손
잡이를 당기면 가능해진다

폴리머제 외부 케이스를 채용한 용량
74발의 탄창.

리시버 좌측에는 마운트 베이스 레일이 표준장비.

DATA

- 길이 : 700mm / 943mm (개머리판 펼칠 때)
- 높이 : 260mm　　■ 폭 : 70mm
- 무게 : 3,040g　　■ 탄창용량 : 74발
- 가격(일본 현지가) : ￥59,184

AIRSOFT
M4 vs. AK

에어소프트에서도 라이벌!?
M4와 AK의 에어소프트, 실총 & 발사 시스템별로 비교

에어소프트건으로도 제품화되는 경우가 가장 많은 라인업은 역시 M4계열이고, 그 다음으로 많은 것이 AK이다. 에어소프트에서도 두 총이 인기를 다투고 있다. 여기서는 「AIRSOFT M4 vs AK」 라는 테마로 먼저 각각의 실총과 에어소프트건을 비교해보자. 그 다음 차세대 전동건, 표준 전동건, 가스 블로우백의 발사 시스템을 각각 비교해

실총 vs. 에어소프트

먼저 실총과 에어소프트의 비교를 해 보자. 24페이지의 실총 비교에서 다뤘던 나이츠 아마먼트의 SR-15E3카빈 MOD2 M-LOK(이하 SR-15E3)와 라이플 다이나믹스 RD701을 재현한 에어소프트 제품을 가져와봤다. 애로우 다이나믹 SR-16E3 카빈 MOD2 M-LOK 전동건(데저트 탠 색상, 블랙도 발매중)은 단/연발 사격이 가능한 버전인 SR-16을 재

현한 모델이다. 리시버가 수지제이지만 좌우 대칭형 탄창멈치나 좌우대칭형 조정간, M-LOK타입 핸드가드, 플립업 리어/프론트 사이트(가늠자/가늠쇠)를 잘 재현했다. 개머리판을 PTS의 EPS-C로 바꾸면 이번에 준비한 SR-15E3와 거의 같은 외관이 된다.

한편, RD701은 리얼한 점으로 평가가 높은 E&L제의 전동건과 비교해보자. 각인이나 소

염기, 방아쇠의 형태는 좀 다르고 리시버 커버 위쪽의 마운트 베이스가 부속되어있지 않은 정도를 제외하면 거의 같은 외관을 가지고 있다. 여기에 더해 E&L은 스틸 프레스제 리시버나 개머리판을 채용하고 있으므로 질감과 중량감은 정말 실물과 매우 흡사하다. 리얼리티라는 점에서는 E&L의 RD701쪽에 점수를 조금 더 주고 싶다.

실총

나이츠 아마먼트
SR-15E3 카빈
MOD2 M-LOK

DATA
- 길이 : 810mm / 890mm (개머리판 펼칠때)
- 무게 : 2,900g
- 탄창용량 : 30발

에어소프트

애로우 다이나믹
SR-16E3 카빈
MOD2 M-LOK 전동건
(EFCS탑재/데저트 컬러)

DATA
- 길이 : 770mm / 850mm (개머리판 펼칠때)
- 무게 : 2,270g
- 탄창용량 : 300발
- 가격 : 오픈

실총

라이플 다이나믹스
RD701

DATA
- 길이 : 648mm / 940mm (개머리판 펼칠 때)
- 무게 : 3,147g (탄창 제외)
- 탄창용량 : 30발

에어소프트

E&L
RD701 택티컬
MOD-A DX버전

DATA
- 길이 : 680mm / 900mm (개머리판 펼칠때)
- 무게 : 3,700g
- 탄창용량 : 400발
- 가격 : 오픈

SOPMOD M4
vs.AK47 TYPE-3

실총을 연상시키는 반동이나 스탠다드 전동건보다도 한 단계 위의 질감을 자랑하는 도쿄 마루이의 차세대 전동건 시리즈. 여기서는 SOPMOD M4와 AK47 TYPE-3을 비교해보자. 우선 차세대 전동건 M4시리즈 제1탄으로 발매된 SOPMOD M4. 여기서는 다이캐스트제 리시버나 알루미늄 일체형 아우터 배럴, 탄창이 텅 비어 잔탄이 없으면 작동이 멈추는 오토 스톱 기구, 리얼 사이즈 탄창, 원터치로 교환 가능한 SOPMOD배터리를 채용하는 등 차세대 전동건다운 스펙을 보유하고 있다.

한편, AK47 TYPE-3은 차세대 전동건 시리즈의 최신작이다. 지금까지 이어온 AK시리즈의 특징에 더해, M4계열과 같은 오토 스톱 기구를 탑재했고, 이 회사 전동건 최초로 공격발 기능이나 표준 전동건 탄창이 사용 가능한 어댑터도 추가되었다. 고체윤활피막 코팅이 추가된 다이캐스트제 리시버나 나무 질감이 나는 플라스틱으로 만든 핸드가드나 그립, 개머리판등의 신규 부품이 다수 사용되어 리얼리티에도 손색이 없다.

SOPMOD M4는 실총만큼이나 완성도가 높고, 발매된지 10년 가까이 지난 현재도 기본 구성은 변함이 없다. 한편으로 AK47 TYPE-3은 보기에는 구식이지만 내부에는 최신 스펙이 압축되어 있다. 진화가 거듭되는 에어소프트다운 역전현상이 일어난 것이다.

다이얼식 가변흡업의 조정방법. SOPMOD M4도 AK47도 장전손잡이를 당기면 되지만 장전손잡이의 위치는 각각 다르다. 어느 쪽도 BB탄이 발사될 때에는 노리쇠가 앞뒤로 왕복한다.

오토 스톱 기구의 비교. 탄창이 비면 SOPMOD M4는 리시버 좌측의 노리쇠멈치가 작동하며, 탄창을 바꾼 뒤 여기를 누르면 재사격이 가능하다. AK47은 탄창 교환 후 장전손잡이를 당겼다 놓아야 재사격이 가능하다. 둘 다 실총과 재장전 절차가 같다.

탄창의 비교. SOPMOD M4에는 없는 기능으로 AK47에는 공격발 기능이 있다. 우측 상단에 있는 레버를 밀면 공격발이 가능하다. SOPMOD M4는 표준 전동건의 탄창을 사용할 수 없지만 AK47은 부속 어댑터를 사용하면 사용할 수 있다.

SOPMOD M4

AK47 TYPE-3

배터리의 수납 공간 비교. SOPMOD M4는 크레인 타입 스톡 내부에 코드리스(전선 없음) 타입 SOPMOD 배터리가 수납된다. AK47은 상부 핸드가드 안쪽에 수납된다. AK47은 공간 배치를 재정비한 덕분에 종래의 모델보다 배터리 수납이 쉬워졌다.

SOPMOD M4

DATA
- 길이 : 803mm / 878mm(개머리판 펼칠때)
- 높이 : 260mm   ■ 폭 : 68mm
- 무게 : 3.270g(배터리 포함)
- 탄창 : 82발   ■ 현지가격 : ¥59,184

AK47 TYPE-3

DATA
- 길이 : 875mm   ■ 높이 : 255mm   ■ 폭 : 66mm
- 무게 : 3,155g   ■ 탄창 : 90발   ■ 현지가격 : ¥53,784

TR16 MBR 556 WH
vs. RK74-T

라인업의 풍부함 뿐 아니라, 트렌드를 받아들인 최신 스펙을 탑재한 전동건의 출시를 이어가는 G&G아마먼트. 그 속에서도 TR16 MBR 556 WH는 최신 스펙이 압축된 제품이라 할 수 있다. M-LOK 핸드가드는 물론, ETU(전자 트리거)및 MOSFET과 잔탄 0, 혹은 탄창 제거시 정지하는 기능을 추가하는 등 버전 2타입 기어박스를 대대적으로 개량한 G2 기어박스를 채택했다. 조작계통도 모두 좌우 대칭으로 개량했다.

RK74-T는 모더나이즈드 AK를 모티브로 만든 총으로, G&G아마먼트의 주특기인 오리지널 디자인의 전동건이다. 키모드 핸드가드, 상부 레일, 좌우 대칭형 장전손잡이, 인체공학적 디자인의 권총손잡이, M4타

입의 신축식 개머리판, 대형화된 레버류 등, 모더나이즈드 AK시리즈의 요소를 전부 가지고 있다. 여기에 더해 MOSFET이 탑재되는 등 외관 이상으로 내용까지 잘 갖추고 있다.

어느 쪽도 실총이 없는 오리지널 컨셉의 제품이므로 취향은 나뉘겠지만, 실총의 최신 트렌드가 철저하게 포함되어 있어 사용에서의 실용성은 매우 높다. 추가로 말하자면 RK74-T의 조정간 레버는 왼쪽에서 조작 가능한 갈릴 타입이 되었다면 완벽할 뻔 했다. 내부 메카니즘도 MOSFET덕분에 방아쇠 느낌도 좋고 실사성능도 이보다 더 좋을 수 없는 수준이다.

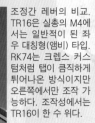

조정간 레버의 비교. TR16은 실총의 M4에서는 일반적이 된 좌우 대칭형(앰비) 타입. RK74는 크렙스 커스텀처럼 탭이 큼직하게 튀어나온 방식이지만 오른쪽에서만 조작 가능하다. 조작성에서는 TR16이 한 수 위다.

탄창멈치의 비교. TR16은 나이츠 SR-16E3를 모티브로 한 좌우대칭형이고 RK74는 레버 부분이 좌우로 연장되어 있다. AK는 원래 좌우 어느쪽에서도 동등하게 조작할 수 있는 센터 레버 타입이지만, 신속한 탄창교환에는 M4가 유리하다.

TR16 MBR 556 WH

RK74-T

가변 홉업의 조정방법. TR16은 조정하기 쉬운 최신형 드럼클릭 방식. RK74는 종래와 마찬가지로 앞뒤로 레버를 움직이는 방식이다. 드럼클릭 방식은 미세 조정이 가능하며 뜻하지 않게 움직이지도 않는다.

배터리 수납공간을 비교했다. TR16은 MOSFET이 소형화된 덕분에 수납 공간이 확대됐다. RK74는 분리식 배터리를 핸드가드 안에 있는 공간에 수납한다. TR16쪽이 배터리 교환이 쉽다.

TR16 MBR 556 WH
DATA
- 길이 : 920mm(개머리판 펼칠때)
- 무게 : 3,090g
- 탄창 : 90발
- 가격 : 오픈

RK74-T
DATA
- 길이 : 940mm
- 무게 : 3,320g
- 탄창 : 115발
- 가격 : 오픈

**Mega
MKM 막스맨**

KTR소드오프

Mega MKM 막스맨 vs. KTR 소드오프

리얼함을 최대한 신경쓴 가스 블로우백 제품들을 출시해 온 KSC(역자 주: 대만 KWA에서 생산)의 라인업 중에서도 Mega MKM 막스맨 vs. KTR 소드 오프는 Mega암스의 공식 인정 모델로 실총과 같은 형상과 각인이 재현된 리시버를 베이스로 9인치 키모드 핸드가드와 14.5인치 총열, 롱 사이즈의 컴펜세이터를 조합한 미국내 민수 합법(법적으로는 16인치 총열)사양을 재현했다. 여기에 그립이나 개머리판등이 PTS제 커스텀 부품을 표준 장비했다.

KTR소드오프는 동사의 KTR-03을 베이스로 레일 시스템의 길이는 그대로 둔 채 배럴만 짧게 한 것으로, 소염기에 간섭하지 않도록 레일 끝부분은 스파이크 형태로 절단되어있다. 가스 블록은 레일 시스템 안에 들어 있다. KTR-03의 최대 특징인 좌우대칭형 조정간도 이어받았다.

외관의 특징 이상으로 가스 블로우백 제품의 매력이라면 실총을 연상시키는 손맛, 리얼한 메카니즘과 조작법을 터득할 수 있는 점이다. 두 총 모두 에어소프트에 맞는 형태의 변경은 최소한으로 줄이고 실사성능도 높게 확보했다.

조정간 레버의 비교. Mega는 표준 조정간 레버, KTR은 크렙스 커스텀의 특징인 갈릴 타입. KTR은 좌측에 조정간 레버를 추가해 M4와 같은 조작성을 실현했다.

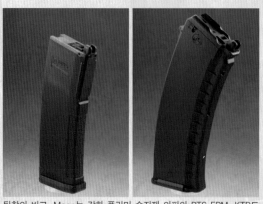

탄창의 비교. Mega는 강화 폴리머 수지제 외피의 PTS EPM. KTR도 수지제 외피를 갖춘 AK74스타일. KTR은 공격발 기능도 추가되어 있고 조정용 도구가 탄창 아래에 부속되어 있다.

하부 리시버 내의 비교. 어느쪽도 밸브 노커등 에어소프트 특유의 부품이 추가 되어있기 때문에 시어류는 분말야금 제품으로 실총에 가까운 구조를 재현했다. KTR은 AK답게 Mega에 비해 리시버 내의 여유 공간이 넉넉한 편이다.

노리쇠뭉치(볼트캐리어)의 비교. Mega는 로킹 러그(폐쇄돌기)등이 리얼하게 재현되었다. 커스텀 모 델답게 무광 은색 처리. KTR은 가스피스톤은 재현되지 않았지만 형태는 실총에 가깝게 재현되었다. 두 총 모두 시스템 7 TWO엔진을 채택.

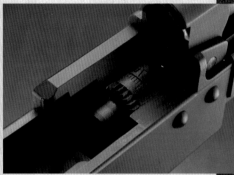

가변 홉업의 조정 방법. Mega는 전용의 도구를 사 용해 홉업 드럼을 돌리며 조정한다. KTR은 드럼 방식이지만 도구 없이 조정이 가능하며 조정 범위 도 알기 쉽게 되어있다. 둘 다 리얼리티를 훼손하 지 않는 디자인이다.

복좌용수철(리코일 스프링)의 비교. Mega는 수지제 버퍼(완충기)가 조합되 어있다. KTR은 실총과 마찬가지로 와이어를 이용한 스프링 가이드 두개를 결합한 2중 구조이다. 둘 다 가스 블로우백 다운 디테일 재현이다.

Mega MKM막스맨

DATA
- 길이 : 853mm / 936mm (개머리판 펼칠때)
- 무게 : 3,487g   탄창 : 38발
- 현지가 : ¥62,964

KTR소드오프

DATA
- 길이 : 738mm / 824mm (개머리판 펼칠때)
- 무게 : 3,610g   탄창 : 42발
- 현지가 : ¥64,584

KRYTAC
TRIDENT47 CRB

M4카빈과 AK47의 하이브리드 모델
나이츠 SR47, 전동건으로 재현

나이츠 아마먼트가 개발한, AK47과 같은 7.62×39㎜탄과 탄창을 사용하는 SR47은 M4의 클론 중에도 이단아와도 같은 존재로서 꾸준한 인기를 얻고 있다. KRYTAC의 TRIDENT47 CRB는 이런 SR47을 모티브로 해서 독자적인 어레인지를 추가해 제품화한 총이다. 취급이 쉬운 11인치 총열에 키모드 사양의 9인치 핸드가드를 조합한 것으로, 실총과 마찬가지로 전동건에서도 전동 AK47용 탄창을 사용할 수 있다. 다연발 탄창의 경우 AK계열은 600연발이므로 일반적인 M4계열에 비해 2배 가까운 용량을 자랑한다. 서바이벌 게임에서는 이것이 장점이 된다. 조작계통은 M4카빈의 것을 이어받았기 때문에 여기에 익숙하면 위화감 없이 쓸 수 있다. TRIDENT47 CRB는 개성적인 M4카빈을 원하는 사람들에게 안성맞춤이다.

KRYTAC 오리지널 소염기 장착

키모드 시스템을 채택한 핸드가드

KRYTAC의 상표가 박혀있는 리시버

탄창멈치는 버튼식과 레버식을 함께 사용

CMC정식 라이센스를 얻은 스트레이트 트리거와 인라지드(확장형) 방아쇠울

로터리 타입 홉업 시스템 채택

DEFIANCE 브
랜드의 권총손
잡이

DEFIANCE 플립업 아이언 사이트

좌우 대칭형 조정간 레버

장탄수 600발의 AK47 스타일 탄창

DATA

- 길이 : 745mm / 825mm(개머리판 펼칠때)
- 무게 : 2,770g
- 탄창 : 600발
- 현지가 : ¥58,104

	초속 (m/s)
1발	89.4
2발	89.8
3발	89.5
4발	89.4
5발	89.3
6발	89.5
7발	89.0
8발	89.7
9발	89.6
10발	89.5

- 평균: 89.5m/s (0.80J)
- 탄착군: 86mm (20m)

KRYTAC TRIDENT47 CRB
CUSTOM FILE

CUSTOM FILE 01
SPEC-OPS MODIFY

여기서는 KRYTAC의 TRIDENT47 CRB를 베이스로 만든 커스
텀건 2정을 소개해보자. SPEC-OPS MODIFY는 특수부대용
카빈을 이미지로 만든 것이다. 14mm 역방향 나사홈이 파여있는
총구를 활용해 소음기를 직접 장착할 수 있다. 소음기나 웨폰
마운트 라이트를 장착해도 잡기 쉽도
록 포어그립(전방 손잡이)를 추가했
다. 또한 도트사이트는 고글을 장착
한 상태에서도 신속하고 정확하게 조
준할 수 있도록 하이마운트에 장착
했다. 취급하기 쉬우면서도 확장성도
높게 만든 적극적인 커스텀건이다.

사용된 커스텀 파트

라이락스
「MODE-2 나이츠 서프레서 리얼 타입」
(일본 현지가 ￥12,960)

라이락스
「NITRO.Vo 멀티레일 미들」
(일본 현지가 ￥1,944)

라이락스
「NITRO.Vo 키모드 컴팩트
포어그립(블랙)」
(일본 현지가 ￥13,780)

라이락스
「NITRO.Vo 옵티컬 하이마운트」
(일본 현지가 ￥5,184)

라이락스
「퀸테스센스 도트사이트
Evil Killer 07」
(일본 현지가 ￥18,144)

MIDRANGE CARBINE

MIDRANGE CARBINE은 최근 인기를 모으는 쇼트 스코프를 장착한 M4커 스텀을 이미지에 두고 만든 것이다. 쇼트 스코프를 장착할 때 중요한 부분 이 스코프 마운트다. 라이락스의 퀸테센스 사이트 클램프 스코프 마운트 처럼 높이가 어느 정도 있고 앞쪽으로 치우친 것을 고르는 편이 좋다. 또한 핸드가드를 붙잡을 때 어느 위치에서 잡을지 알려주는 핸드 스톱을 장착했 다. TRIDENT 47 CRB의 잠재력을 활용한 커스텀이다.

사용된 커스텀 파트

라이락스
「NITRO.Vo 멀티레일 미들」
(일본 현지가 ¥1,944)

라이락스
「NITRO.Vo 키모드 핸드스톱(블랙)」
(일본 현지가 ¥2,160)

라이락스
「퀸테센스 사이드 클램프
스코프 마운트(나사식)」
(일본 현지가 ¥10,584)

라이락스
「퀸테센스 사이트론 저팬 밀스펙 스코프 RS
1~4×24mm SHORT SCOPE 〈SOL〉」
(일본 현지가 ¥37,260)

PTS
「EPS」

103

M4
VS.
AK
AIRSOFT PICKUP

실총, 에어소프트 가리지 않고 인기가 있는 M4와 AK. 최근의 에어소프트 트렌드는 M4는 리얼리티보다도 오리지널리티, AK는 리얼리티를 추구하는 경향이 있다. 이것은 두 총의 캐릭터를 확실하게 보여주는 것이다. 여기서는 일본 및 해외 각 메이커의 M4와 AK 에어소프트를 골라봤다.

도쿄 마루이
차세대 전동건 시리즈

슛&리코일(Shoot & Recoil) 엔진 Ver.2를 탑재해 사격시의 반동을 재현함으로써 전동건에

새로운 매력을 추가한 신세대의 전동건. 특히 대단한 점은 격한 반동에도 불구하고 부품 파손등의 문제점이 거의 없고 그와 동시에 높은 명중률을 실현한 점이다. 탄이 떨어지면 노리쇠 멈치를 조

작하지 않아도 사격이 멈춰지는 오토 스톱 기구를 도입해 전동건에도 리얼한 조작 느낌을 제공하도록 만들었다.

HK417 초기형

마루이 유일의 사마리움 코발트 모터를 표준 장착해 단발/연발 가리지 않고 동일한 반응속도를 제공하며 반동도 만만치 않다. 전동건 사상 최강의 모델중 하나다.

DATA
- 길이 : 912mm / 998mm(개머리판 펼칠때)
- 높이 : 245mm
- 폭 : 80mm
- 무게 : 4,500g(배터리 포함)
- 탄창 : 70발
- 현지가 : ¥89,424

HK416D

H&K가 개발한 M4 클론. 스타일에 맞춰 총열도 14.5인치 짜리와 10.5인치가 선택 가능하다. 앞뒤 사이트는 금속제로, 제거도 가능하다. 탄창은 HK 스틸 타입이 재현되어있다.

DATA
- 길이 : 819mm / 894mm(개머리판 펼칠때)
- 높이 : 270mm
- 폭 : 80mm
- 무게 : 3,540g(배터리 포함)
- 탄창 : 82발
- 현지가 : ¥69,984

DEVGRU커스텀 HK416D

HK416D에 AAC소음기와 소염기, TD(탱고다운)타입의 그립과 포어그립, 크레인 스토크등의 커스텀 부품을 장착한 네이비 씰 팀 6사양의 HK416D를 재현했다

DATA
- 길이 : 800mm / 880mm(개머리판 펼칠때/소음기 장착시)
- 높이 : 281mm
- 폭 : 75mm
- 무게 : 3,700g(소음기 163g, 배터리 포함)
- 탄창 : 82발
- 현지가 : ¥78,624

HK416C커스텀

와이어 스토크를 채택하고 배터리 케이스를 외장식 혹은 탄창내 수납할 수 있게 했다. 길이 단축에 의해 발생한 성능저하는 거의 보이지 않는, 차세대 전동건의 최소 모델

DATA
- 길이 : 571mm / 695mm(개머리판 펼칠때)
- 높이 : 250mm
- 폭 : 74mm
- 무게 : 3,096g
- 탄창 : 30발
- 현지가 : ¥67,824

레시 라이플

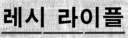

차세대 전동건 라인업 중에서도 스나이퍼 라이플적인 요소가 가장 강한 점이 매력적인 모델. 길이를 바꿀 수 있는 아우터 배럴도 사용하는 상황을 가리지 않고 쓸 수 있게 한다.

DATA
- 길이 : 845mm / 920mm (16인치 아우터 배럴/개머리판 펼칠 때)
- 높이 : 218mm ■ 폭 : 61mm ■ 무게 : 3,130g
- 탄창 : 82발 ■ 현지가 : ¥69,984

SOPMOD M4

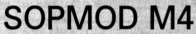

차세대 전동건 M4시리즈의 기념비적인 제1탄. 배터리 교환이 원터치로 이뤄지는 코드레스식 1,300mAh 니켈 수소 배터리를 스토크 내에 수납한다

DATA
- 길이 : 803mm / 878mm(개머리판 펼칠때)
- 높이 : 260mm ■ 폭 : 68mm
- 무게 : 3,270g (배터리 포함)
- 탄창 : 82발 ■ 현지가 : ¥59,184

CQB-R

미 해군 NSWC가 개발한 10.3인치 모델. TD타입 버티컬 포어그립, EMOD타입 블랙 스토크 장착. 색은 블랙과 플랫 다크 어스.

DATA
- 길이 : 705mm / 780mm(개머리판 펼칠때)
- 높이 : 260mm ■ 폭 : 68mm
- 무게 : 3,370g (배터리 포함)
- 탄창 : 82발 ■ 현지가 : ¥59,184

M4A1 카빈

차세대 전동건 M4 시리즈 중에서도 유일하게 핸드가드 안에 8.4V 니켈수소 미니 S타입 1,300mAh 배터리를 수납한다. 원통형 핸드가드, 탈착식 운반손잡이(캐링 핸들)이 특징.

DATA
- 길이 : 777mm / 861mm(개머리판 펼칠때) ■ 높이 : 258mm
- 폭 : 68mm ■ 무게 : 2,970g (배터리 포함)
- 탄창 : 82발 ■ 현지가 : ¥53,784

도쿄 마루이
가스 블로우백 머신건 시리즈

가스 블로우백 타입의 M4로는 후발주자이지만, 기존 제품의 불만 대부분을 해소할 정도로 완성도가 높다. 그 특징중 하나로 노리쇠의 파

손을 방지하는 ZET시스템에 의해 후퇴고정된 노리쇠의 전진이 부드럽게 이뤄지며, 대형의 실린더는 실총과 같은 발사 사이클을 실현했다.

연발 사격도 지속력이 있고 명중률도 높다. 금속 리시버에는 밀스펙 도장인 세라코트가 되어 있는 등 전동건 시리즈와는 한 획을 긋는 모델이 되었다.

M4A1 MWS

MWS (모듈러 웨폰 시스템)이라는 이름 그대로, KAC(나이츠 아마먼트)타입 RAS 나 KAC타입 플립업 사이트가 부속된 현행 M4A1의 스타일을 재현했다.

DATA
- 길이 : 777mm / 854mm(개머리판 펼칠때)
- 높이 : 220mm ■ 폭 : 65mm
- 무게 : 2,900g
- 탄창 : 35발 ■ 현지가 : ¥64,584

M4A1 카빈

내부에 방열판이 재현된 원통형 핸드가드나 탈착식 운반손잡이, LE스토크 등 미군이 제식채용해 운용중인 버전을 재현했다.

DATA
- 길이 : 777mm / 854mm(개머리판 펼칠때) ■ 높이 : 258mm
- 폭 : 68mm ■ 무게 : 2,950g ■ 탄창 : 35발 ■ 현지가 : ¥59,184

CQBR BLOCK1

10.3인치 총열, KAC타입 QD소염기, KAC타입 RAS, LMT타입 가늠자, LMT타입 크레인 스토크 등을 표준장비

DATA
- 길이 : 698mm / 780mm (개머리판 펼칠때)
- 높이 : 221mm ■ 폭 : 68mm
- 무게 : 3,111g ■ 탄창 : 35발
- 현지가 : ¥64,584

도쿄 마루이
전동건 하이 사이클 커스텀

M4 CRW

순정 배터리를 사용해도 분당 1,500발이라는 경이적인 연사속도를 실현한 하이사이클 기어박스 탑재. 레일 시스템, 쇼트 타입 스토크등이 부속되어있다.

DATA
- 길이 : 675mm ■ 높이 : 255mm ■ 폭 : 65mm
- 무게 : 2,400g (배터리 포함) ■ 탄창 : 300발 ■ 현지가 : ¥41,904

M4 패트리엇 HC

개머리판을 없애버려 무게 1,800g(배터리 포함)이라는 경량을 실현. TD그립, 플립업 사이트, 20연발 탄창등이 부속되어있다.

DATA
- 길이 : 463mm ■ 높이 : 235mm
- 폭 : 53mm
- 무게 : 1,800g (배터리 포함)
- 탄창 : 190발 ■ 현지가 : ¥37,584

도쿄 마루이
전동건 스탠다드 타입

콜트 M4A1 카빈

전동건의 세계에서 M4카빈의 인기를 영원한 것으로 만들어버린 기념비적 작품. 현재 발매중인 모델은 알루미늄 일체형 아우터 배럴, 6포지션 LE스토크등을 채용한 2대째다.

DATA
- 길이 : 760mm / 840mm(개머리판 펼칠때)
- 높이 : 255mm ■ 폭 : 70mm
- 무게 : 2,950g (배터리 포함)
- 탄창 : 68발 ■ 현지가 : ¥37,584

가스 블로우백 M4/AR15시리즈

종래의 블로우백 기종들에 비해 훨씬 강렬한 블로우백과 연발(풀오토) 사격에서도 안정적인 반응을 보이는 시스템인 7TWO시스템을 탑재했다. 중량급의 아연제 노리쇠로도 고속 블로우백을 가능하게 하는 전용 밸브를 채용했다. 그 외에도 마모를 막기 위한 크롬도금 부품이나 해머, 시어등 내부 주요 부품을 분말야금 제품으로 채용하고 있어 경기나 훈련 등 발사회수가 많은 경우에 쓰기도 좋다.

Mega MML MATEN

각진 디자인의 리시버에 요즘 유행하는 M-LOK레일 시스템을 채용한 일본 시장 최초의 대구경 M4 블로우백. 라이플 타입으로는 최초로 단발/3점사를 채용했다.

DATA
- 길이 : 927mm / 1,009mm(개머리판 펼칠때) ■ 높이 : ― ■ 폭 : ―
- 무게 : 3,860g ■ 탄창 : 34발 ■ 현지가 : ¥69,552

Mega AR15인핸스드

Mega암스 공인 키모드 레일과 그에 이어지는 8각형 리시버나 전용 노리쇠, 커스텀 방아쇠, PTS제 개머리판이나 그립등을 장비해 사용편의성을 높였다.

DATA
- 길이 : 815mm / 898mm(개머리판 펼칠때)
- 높이 : ― ■ 폭 : ― ■ 무게 : 3,325g
- 탄창 : 38발 ■ 현지가 : ¥67,824

M4 맥풀에디션 Ver.2 가스블로우백

맥풀 각인이 들어간 전용 리시버에 MOE스톡, 그립, 핸드가드 등을 표준장비, 시장 재고가 적은 맥풀 부품을 마음껏 사용해 희소가치가 높은 제품이다

DATA
- 길이 : 787mm / 867mm(개머리판 펼칠때)
- 높이 : 270mm ■ 폭 : 60mm ■ 무게 : 3,725g
- 탄창 : 38발 ■ 현지가 : ¥69,984

M4/AR15 ERG시리즈

사격시의 반동을 직접 체감할 수 있는 독자적인 리코일 시스템을 채용한 KSC의 ERG시리즈. 강성이 높은 다이캐스트제 리시버는 질감과 외관 모두 품질이 높다. 배터리를 크레인 타입 스톡에 수납함으로써 앞부분의 핸드가드 교환을 쉽게 함으로써 확장성을 높였기 때문에 커스텀 건의 베이스로도 적합하다. 사격시의 느낌, 실사성능, 기능 모두를 잘 고려해 만든 제품이다.

M4 ERG CQB-R

DATA
- 길이 : 725mm / 798mm (개머리판 펼칠때)
- 높이 : 255mm
- 폭 : 69mm
- 무게 : 3,330g
- 탄창 : 30발 / 60발
- 현지가 : ¥39,420
  (KSC ONLINE STORE한정)

M4A1중에서도 가장 유명한 바리에이션인 CQB-R은 다루기 쉬우면서도 전동건에서는 풀사이즈 못지않은 사격정밀도를 자랑하므로 애용자가 많다. 균형이 잘 잡혀 추천할만한 제품이다.

M4 ERG RAS

DATA
- 길이 : 824mm / 899mm(개머리판 펼칠때) ■ 높이 : 255mm
- 폭 : 69mm ■ 무게 : 3,555g ■ 탄창 : 30 / 60발
- 가격 : ¥62,640

미군이 채용한 가장 표준적인 M4A1의 스타일을 CNC로 가공한 RAS를 장착해 재현했다. 프리 플로팅 배럴을 채택, 강도와 명중률 모두 상당부분 향상되었다

KSC
M4/AR15 TEG시리즈

발사속도나 초속을 단계 없이 미세 조정할 수 있는 트랜스미션 기능을 탑재한 전동건. 내부 메카니즘에 분말야금 기어나 베어링축을 채택하고 노리쇠멈치(볼트스톱)기능이나 실총 탄수만큼 제한 가능한 탄창등 일반적인 서바이벌 게임부터 탄수제한전까지 모든 상황에 맞는다. 총의 스펙을 자유롭게 바꿀 수 있는 만능 총이다.

M4A1 TEG

DATA
- 길이 : 826mm / 909mm(개머리판 펼칠때)
- 높이 : ―　　　　 폭 : ―
- 무게 : 3,140g　　　 탄창 : 30발 / 60발
- 현지가 : ￥39,150

웨스턴암스
매그나 블로우백 M4A1시리즈

강렬한 반동을 발생시키는 매그나 블로우백 엔진을 탑재한 업계 최초의 가스 블로우백 M4로 등장했다. 라이플 스타일의 블로우백 제품의 상식을 뒤엎는 리얼한 조작과 내부기구를 통해 가스 블로우백 M4의 표준이 되었다. 지금도 끊임없이 진화를 계속하는 내부 구조에 기대도 모아지는 이 제품은 매그나 블로우백의 집대성이라 할 수 있다.

M4A1 PDW RAS버전

DATA
- 길이 : 595mm / 667mm(개머리판 펼칠때)　　 무게 : 2,520g
- 높이 : 260mm　 폭 : 65mm
- 탄창 : 50발　　 현지가 : ￥62,640

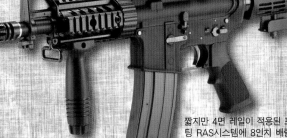

짧지만 4면 레일이 적용된 프리 플로팅 RAS시스템에 8인치 배럴을 조합한 모델. 551형 도트사이트, LMT타입 가늠자, KAC타입 포어그립 부속.

M4A1풀메탈 커스텀
"아메리칸 스나이퍼 ver."

영화" 아메리칸 스나이퍼" 에 사용된 모델. KAC형 소음기나 KAC형 포어그립, 에임포인트 타입 COMP M2, LMT타입 QD 사이트가 부속되어있다.

DATA
- 길이 : 660mm / 742mm(개머리판 펼칠때)　　 높이 : 260mm
- 폭 : 65mm　 무게 : 3,340g　 탄창 : 50발　 현지가 : ￥75,600

TOP
EBB시리즈

전동으로 블로우백 작동이 이뤄지는 노리쇠를 재현하면서 BB탄의 발사는 물론 탄피 배출까지 가능하게 한 세계 최초의 전동건. 가스 블로우백과 달리 온도나 계절에 좌우되지 않고 쾌적하며 안정된 사격이 가능한, 실총에 가까운 액션을 즐길 수 있다. 탄피가 배출불량을 일으켜도 금방 전원이 자동 차단되므로 내부 파손을 줄이는 안전장치도 들어있다.

EBB SR16 M4 URX3.1카빈

DATA
- 길이 : 850mm / 928mm(개머리판 펼칠때)　　 높이 : 240mm
- 폭 : 71mm　 무게 : 2,650g　 탄창 : 30발　 현지가 : ￥86,184

G&G아마먼트
ADVANCED GT
(TR15 / TR16시리즈)

신형 기어박스에 ETU, 모스펫 유닛 〈G2시스템

〉이 탑재되어 내구성이 향상된 최고 스펙의 전동건. 3발/5발 선택 점사기구를 탑재하고 배터리 전력량이 낮으면 경고음도 울린다. 탄창의 탄이 떨어지면 전원이 OFF되는 오토 스톱

기구도 채용되어 안전성도 크게 높아졌다. 다기능이지만 조작은 단순하므로 초보자도 안심하고 쓸 수 있는 제품으로 만들어졌다.

TR16 MBR 308WH
DATA
- 길이 : 870.5mm ■ 무게 : 3,000g ■ 탄창 : 40발

TR16 MBR 308SR & WH

둘 다 키모드 핸드가드, 스켈레톤 스토크 장착. 조정간 레버는 원래의 절반(45도)만 돌려도 모드 전환이 가능하다.

TR16 MBR 308SR
DATA
- 길이 : 847.5mm ■ 무게 : 3,060g ■ 탄창 : 40발

G&G아마먼트
INTERMEDIATE
GC 시리즈

M4의 스타일을 답습하면서 리시버와 스토크등

은 오리지널 디자인의 부품을 채용해서 가성비를 높인 모델이다. 가벼우면서도 표준적인 스펙은 누가 써도 안심하고 사용할 수 있다. 컬러나 사이즈, 그립/스토크등의 부품별로 다양한 라인업이 준비되어 있어 나에게 맞는 한 자

루를 고를 수 있다. MOSFET이 없는 저가형도 준비되어 서바이벌 게임부터 사격 경기까지 다양하게 대응할 수 있는 시리즈이다.

CM16 Raider2.0
DATA
- 길이 : 715mm ■ 무게 : 2,330g
- 탄창 : 450발

ETU나 MOSFET은 탑재되어있지 않은 저가형이지만 표준 전동건으로서의 성능은 충분하다. 수지제 리시버로 경량화를 추구하면서도 강성은 높고 내구성과 부품 정밀도도 우수하다.

CM16 Raider2.0L
DATA
- 길이 : 750mm ■ 무게 : 2,300g
- 단창 : 450발

14.5인치의 롱 배럴에 특징적인 와이어 스토크의 채용으로 사용 편의성과 명중률을 함께 높인 모델이다. MOSFET이 탑재되어 격발 반응시간도 축소되었다.

CM16 SRXL Red Edition

유행을 누구보다 빨리 받아들이는 G&G아마먼트의 상징적 모델이 이 SRXL 레드 에디션이다. 레드 컬러의 아우터 배럴이나 방아쇠가 시선을 끈다.

DATA
- 길이 : 798mm / 874mm(개머리판 펼칠때)
- 무게 : 2,375g
- 탄창 : 300발

PDW15-AR

PDW타입의 신축식 개머리판에 더해 소음기가 표준 장비되어있고 드럼식 가변 홉업 시스템을 새로 도입해 실사성능도 높아졌다.

DATA
- 길이 : 780mm
- 무게 : 2,560g
- 탄창 : 300발

ARP9 블랙 오키드

APR9은 미국에서 유행하는 피스톨 캘리버 카빈(줄여서 PCC)를 모티브로 만든 총이다. 3점사 전환이 가능한 MOSFET이 표준 장비이다. 두 종류의 색상이 있다.

ARP9

DATA
- 길이 : 498mm / 590mm (개머리판 펼칠때)
- 무게 : 2,015g
- 탄창 : 300발

ARP556

DATA
- 길이 : 506mm
- 무게 : 2,420g
- 탄창 : 450발

전동건 M4계 탄창을 사용할 수 있는 ARP556. M-LOK 핸드가드, 스트레이트 타입 GOG피스톨 그립 V2, 2단계 신축이 가능한 와이어 스토크가 표준 장비되어있다.

파이어호크 HC05

더블 섹터 기어나 하이스피드 모터를 채용한 오리지널의 하이사이클 커스텀. 컴팩트 사이즈이기 때문에 서바이벌 게임용으로도 적합하다.

DATA
- 길이 : 543mm
- 무게 : 2,260g(배터리 포함)
- 탄창 : 300발

KRYTAC전동건의 플래그십이라 할 TRIDENT(트라이던트)시리즈의 최신버전이 여기에서 소개할 Mk.2이다. 오리지널 디자인의 리시버는 트렌디한 M4커스텀을 모티브로 디자인했다. 조정간은 앰비(좌우대칭) 타입이다. DEFIANCE디자인의 키모드 핸드가드가 장비되어 16인치의 SPR부터 PDW사이즈까지 다양한 총열 길이와 블랙, 플랫 다크 어스, 폴리지 그린의 3종류 색상을 선택할 수 있다.

TRIDENT Mk2 SPR

DATA
- 길이 : 863mm / 945mm(개머리판 펼칠때)　■무게 : 2,700g　■탄창 : 350발
- 현지가 : ￥57,024

TRIDENT Mk2 CRB

DATA
- 길이 : 675mm / 787mm(개머리판 펼칠때)
- 무게 : 2,500g　■탄창 : 350발
- 현지가 : ￥55,944

TRIDENT Mk2 PDW

DATA
- 길이 : 527mm / 610mm(개머리판 펼칠때)
- 무게 : 2,270g　■탄창 : 350발
- 현지가 : ￥48,384

WAR SPORT LVOA-S블랙

LVOA의 특징인 14.7인치 총열과 소염기까지 덮는듯하게 디자인된 와이어 커터 레일 시스템을 WAR SPORT와의 정식 계약을 통해 충실하게 재현했다. 기어박스 구성은 TRIDENT Mk2 시리즈와 거의 같다.

DATA
- 길이 : 755mm / 840mm(개머리판 펼칠때)
- 무게 : 2,700g　■탄창 : 300발　■현지가 : ￥59,184

TRIDENT시리즈의 염가판으로 레일등의 세부 사양이 변경된 모델. 외관만 다르고 기본 구조는 그대로이므로 성능은 같다. 초보 사용자들을 위한 총으로, 커스텀의 베이스로도 쓸만하다.

TRIDENT ALPHA CRB

DATA
- 길이 : 711mm / 795mm(개머리판 펼칠때)
- 무게 : 2,380g　■탄창 : 350발
- 현지가 : ￥46,224

TRIDENT ALPHA SDP

DATA
- 길이 : 470mm / 565mm(개머리판 펼칠때)
- 무게 : 2,120g　■탄창 : 350발　■현지가 : ￥42,984

BOLT AIRSOFT
B.R.S.S. SHARP시리즈

BOLT가 독자적으로 개발한 B.R.S.S.를 탑재해 강렬하면서도 날카로운 리코일 쇼크를 느

낄 수 있다. 일본 한정판 버전인 SHARP버전은 내부 기구를 강화해서 더욱 날카로운 반동을 실현했다. 리시버는 각 모델에 맞는 리얼한 각인이 되어있다. 11.1V의 리튬 폴리머 배터리를 사용

하면 반응속도와 발사속도 모두 개선된다. 또 표준 전동건용의 커스텀 부품과도 호환성이 있으므로 외관 커스텀도 자유롭다.

SR47 ELITE DX

M4타입 리시버에 AK탄창이 사용되는 흔치 않은 스타일은 인기가 높다. 리코일 쇼크 버전으로는 최초 제품화되었다. 리시버에는 리얼한 나이츠 각인이 되어있다.

DATA
- 길이 : 850mm / 930mm
- 무게 : 2,800g ■ 탄창 : 600발
- 현지가 : ¥49,464

M4 ELITE SD

택티컬 훈련을 의식한 부품이 장착되어 있는 단축형 카빈. 핸드가드 안에 배터리가 수납되므로 밸런스도 좋다.

DATA
- 길이 : 730mm / 810mm(개머리판 펼칠때)
- 무게 : 2,600g ■ 탄창 : 140발
- 가격 : ¥46,224

B4 REVEL

시리즈 중 가장 짧은 7인치 버전을 갖춘 PDW모델. 키모드 핸드가드와 소염기의 끝이 스파이크 디자인이라는 과감한 디자인이 시선을 끈다.

DATA
- 길이 : 605mm / 687mm(개머리판 펼칠때)
- 무게 : 2,720g
- 탄창 : 300발

M18 MOD1
B.R.S.S.

미 해군 특수부대 네이비 씰이나 미 해병대 특수부대 마린 레이더즈가 채용한 대니얼 디펜스의 RAS를 장착한 Mk.18 Mod.1을 충실하게 재현.

DATA
- 길이 : 696mm / 777mm(개머리판 펼칠때)
- 무게 : 3,020g ■ 탄창 : 300발
- 현지가 : ¥64,584

ICS
CXP-MARS S3시리즈

독자의 상하분할식 기어박스를 채택, 기능성을 추구한 디자인 접근법으로 알려진 ICS. SSS(Self-diagnostic Shooting System:전 자제어장치, 줄여서 S3)를 탑재한 CXP-MARS S3시리즈는 격발시 반응성의 향상, 연발/3점사 선택, 전압저하 경고기능, 과방전 탐지+자동 정지기능, 자동점검 기능, 기어박스 내 유닛 탑재 등 기능성과 안전성을 중요시한 설계이다. 풀사이즈 길이 는 DMR, 중간 길이(미드렌즈)는 Komodo, 카빈 길이는 Carbine, 단축형 SBR이 있고 키모드 핸드가드, 대칭형 조정간/탄창멈치를 탑재했다.

CXP-MARS Komodo

DATA
- 길이 : 840mm / 935mm(개머리판 펼칠때)
- 무게 : 3,160g
- 탄창 : 300발

CXP-MARS DMR

DATA
- 길이 : 980mm
- 무게 : 3,610g
- 탄창 : 300발

CXP-MARS SBR

DATA
- 길이 : 705mm / 800mm(개머리판 펼칠때)
- 무게 : 2,940g
- 탄창 : 300발

CXP-MARS Carbine

DATA
- 길이 : 810mm / 905mm(개머리판 펼칠때)
- 무게 : 3,040g
- 탄창 : 300발

ARES
AMOEBA시리즈

기어박스 안에 EFCS 전자제어 시스템을 탑재해 회로 단락이나 전류/전압의 이상, 모터 이상 등 기어박스 내의 기계적인 문제를 회피하면서 끊는 맛이 좋은 사격을 즐길 수 있다. 또 별매품인 EFCS 콘트롤러를 사용하면 3점사 사격이 가능하게 하는 등 자유롭게 설정을 바꿀 수 있다.

M4 AMOEBA PRO 15인치 블랙

ARES의 AMOEBA PRO시리즈는 Octa arms 키모드 핸드가드를 탑재했다. 핸드가드는 7, 9, 10, 12, 13, 15인치의 6종류 길이가 있으며 블랙/탄 두 색상이 있다.

DATA
- 길이 : 845mm / 930mm(개머리판 펼칠때)
- 무게 : 2,670g
- 탄창 : 300발

AMOEBA M4
쉴드 크러셔

쉴드 크러셔는 쿠키 커터(Cookie Cutter)타입 소염기를 장착했다. 또 스토크는 PDW타입 와이어 방식이다. 컴팩트하면서도 조준이 쉽다.

DATA
- 길이 : 720mm / 820mm(개머리판 펼칠때)
- 무게 : 2,440g
- 탄창 : 300발

킹암스
M4 TWS 시리즈

킹 암 스 의 TWS(Training Weapon System)시리즈는 고성능의 Ver.2타입 기어박스에 MOSFET을 표준장비한 전동건이다. 타입 1(카빈), 타입 2(소음형), 타입 3(PDW)의 리시버와 레일 핸드가드는 가벼우면서 단단한 나일론 수지제이다. 키모드 다이노소어 버전은 회색 알루미늄 리시버에 키모드 핸드가드, 6.02㎜ 황동 인너배럴, 8㎜ 볼베어링을 채용했다.

타입 1
DATA
- 길이 : 680mm~762mm
- 무게 : 2,120g
- 탄창 : 370발

타입 2
DATA
- 길이 : 700mm~780mm
- 무게 : 2,140g
- 탄창 : 370발

타입 3
DATA
- 길이 : 550mm~625mm
- 무게 : 1,960g
- 탄창 : 370발

키모드 다이노소어
DATA
- 길이 : 870mm / 950mm(개머리판 펼칠때)
- 무게 : 2,900g ■ 탄창 : 370발
- 현지가 : ￥45,800

ARES
M4엘리트 시리즈

Black Rain Ordnance 라이플 ver.

미국의 신예 업체인 Black Rain Ordnance의 M4커스텀. 오리지널 디자인의 핸드가드나 리시버에는 이 회사의 로고가 박혀있다.

DATA
- 길이 : 910mm / 990mm ■ 무게 : 3,350g ■ 탄창 : 300발

PHANTOM EXTREMIS시리즈

APS의 PHANTOM Extremis는 개발에 약 2

년을 들인 완전 신규 오리지널 모델이다. QMTS M4리시버라고 이름을 붙인 이 새로운 리시버는 간단하게 메인 스프링을 바꿀 수 있다. 핸드가드는 슬림한 키모드 사양이다. 오리지널 디자인의 ICEFYRE 머즐 브

레이크에 전동건으로서는 꽤 가늘게 만든 그립은 손이 작은 사람이라도 잡기 쉽게 만들어졌다. 기본 모델로 MARK I과 MARK II, 보다 스포티한 모델로 MARK III과 MARK IV가 제품 라인업에 가세했다.

MARK I
DATA
- 길이 : 865mm / 946mm
- 무게 : 2,800g

MARK II
DATA
- 길이 : 762mm / 848mm
- 무게 : 2,600g

MARK IV
DATA
- 길이 : 920mm
- 무게 : 2,815g

MARK III
DATA
- 길이 : 920mm
- 무게 : 2,765g

클래식 아미
NEMESIS 시리즈

NEMESIS HEX

신규 설계의 상부 리시버와 HEX(Hybrid Elite Xtreme) 레일 핸드가드, PDW스타일 스토크를 채용했으며 내부에는 전자식 트리거 유닛을 도입한 제품이다.

DATA
- 길이 : 710mm / 812mm (개머리판 펼칠때)
- 무게 : 3,120g · 탄창 : 300발
- 현지가 : ¥44,820

애로우 다이나믹
SAI GRY & WS M

SAI GRY 13.5인치 전동건

샐리언트 암스(SAI)의 플래그십 모델인 「GRY」를 전동건으로 모델화했다. 특징으로는 제일브레이크(Jailbrake) 머즐 디바이스나 핸드가드, 스퀘어 타입 리시버를 충실하게 재현한 점이다.

DATA
- 길이 : 730mm / 816mm(개머리판 펼칠때)
- 무게 : 3,000g
- 탄창 : 300발

WAR SPORTS(WS)의 LVOR핸드가드를 장착한 샐리언트 암스(SAI)의 과감한 스타일을 가진 M4커스텀을 재현했다. 탱고다운 타입의 그립, VLTOR타입 스토크도 부속되어 있다.

DATA
- 길이 : 727mm / 810mm(개머리판 펼칠때)
- 무게 : 2,810g
- 탄창 : 300발

WS M4 13.5인치 전동건

ARES×EMG
WARTHOG & THE JACK EFCS버전

탄창 삽입구(매거진 하우징)가 A-10 썬더볼트 Ⅱ 지상공격기에 그려진 워쓰호그(멧돼지)의 노즈아트, 혹은 잭 스컬(해골) 얼굴을 모티브로 한 형태로 만들어진 것이 이 제품의 특징이다. Evike사의 토이건 제조 부문인 EMG가 기획하고 SHARPS BROS사로부터 정식 라이센스를 얻어 개발한 제품이다. M-LOK슬롯이 부속된 핸드가드, 전자제어식 시스템인 EFCS등을 채택했다.

WARTHOG LONG ver.

DATA
- 길이 : 842mm / 925mm(개머리판 펼칠때)
- 무게 : 2,730g
- 탄창 : 300발

WARTHOG SHORT ver.

DATA
- 길이 : 575mm / 660mm (개머리판 펼칠때)
- 무게 : 2,295g
- 탄창 : 300발

THE JACK MIDDLE ver.

DATA
- 길이 : 750mm / 833mm(개머리판 펼칠때)
- 무게 : 2,580g
- 탄창 : 300발

도쿄 마루이
차세대 전동건 시리즈

차세대 전동건의 제1탄으로 탄생해 단시간에

인기 기종으로 등극한 AK74시리즈는 다이캐스트제 리시버나 알루미늄 일체형 아우터 배럴등 금속제 부품을 대폭 채택한 의욕적인 모델이다. BB탄이 발사될 때마다 장전손잡이가 동시에 움직이므로 시각적으로도 보기 좋지만 만만찮은 반동을 제어할 필요도 있는 리얼한 모델이다.

AKS74N

공수부대용으로 접절식 개머리판을 장비해 휴대성을 높인 버전. AK74의 초기 바리에이션중 하나이다. N형은 스코프등을 장착할 수 있는 사이드 마운트 레일이 장착되었다.

DATA
- 길이 : 703mm / 945mm (개머리판 펼칠때)
- 높이 : 260mm
- 폭 : 70mm
- 무게 : 2,960g
- 탄창 : 74발
- 현지가 : ￥53,784

AKS74U

AKS74를 베이스로 최대한 짧게 만들어 공수부대나 특수부대, 기갑부대를 위한 SBR모델로 만든 기종이다. AKS74와는 다른 가늠자나 소염기등을 잘 재현해냈다.

DATA
- 길이 : 499mm / 739mm(개머리판 펼칠때)
- 높이 : 270mm   폭 : 66mm
- 무게 : 2,630g   탄창 : 74발
- 현지가 : ￥53,784

AK102

DATA
- 길이 : 602mm / 848mm(개머리판 펼칠때)
- 높이 : 270mm   폭 : 75mm
- 무게 : 2,900g   탄창 : 74발
- 현지가 : ￥53,784

AK100시리즈의 해외 수출용 모델로, 5.56mmNATO탄 사양으로 만든 AK102를 제품화했다. 4면에 마운트 레일을 장착한 핸드가드나·대형 소염기를 장비했다.

도쿄 마루이
전동건 하이사이클 커스텀

DATA
- 길이 : 680mm / 760mm(개머리판 펼칠때)   높이 : 204mm
- 폭 : 72mm   무게 : 2,650g(배터리 포함)   탄창 : 250발
- 현지가 : ￥37,584

AK47HC

M4타입의 스토크와 마운트 레일이나 조정식의 가늠자가 부속된 하이사이클(발사속도 향상) 커스텀. 순정 배터리 사용시 분당 1,500발의 맹렬한 탄막을 펼칠 수 있다.

도쿄 마루이
전동건 스탠다드 타입

헨드기드나 그립, 스토크(개머리판)등은 리얼한 외관의 페이크우드(나무 무늬 플라스틱)이다. 버전3 기어박스를 채택했으며 개머리판 안에 배터리가 들어간다.

AK47

DATA
- 길이 : 870mm   높이 : 259mm   폭 : 75mm
- 무게 : 2,900g(배터리 포함)   탄창 : 70발   현지가 : ￥34,344

KSC
AK74 ERG시리즈

실총을 방불케 하는 반동을 체험할 수 있는 KSC의 전동건 ERG(Electric Recoil Gun) 시

리즈. AK74M은 실총과 마찬가지로 탄창 교환 후 장전손잡이를 당겨야(실총에서의 약실 1발 장전) 발사가 가능한 기능을 탑재하고 있다. 매분 1,100발의 높은 발사속도를 가능하게 하는 하이토크 모터, 분말야금 제작 기어, 볼베어

링 기어 축받이등을 표준 장비하고 있다. 맺고 끊는 것이 분명한 강한 반동을 어깨로 느낄 수 있는 제품이다.

AK74M ERG

AK74의 핸드가드, 그립, 스토크(개머리판)등을 수지제로 바꾸고 개머리판도 접절식으로 바꾼 개량형의 재현. 탄창용량은 60발이지만 실총처럼 30발만 들어가게 할 수 있다.

DATA
- 길이 : 704mm / 945mm(개머리판 펼칠때)
- 높이 : 265mm ■폭 : 70mm ■무게 : 3,280g
- 탄창 : 30발 / 60발 ■현지가 : ¥52,910

KSC
가스 블로우백 AK74시리즈

중량감이 있는 금속제 노리쇠뭉치(볼트캐리어)를 블로우백 작동시켜 실총을 방물케 하는 강렬한 반동을 재현했다. 강도가 필요한 부품은 분

말야금 공법으로 만들어 높은 내구성을 확보했다. 시스템 7TWO엔진과 대형 탄창을 결합, 연사시에도 높은 안정감을 약속하며 탄창 바닥에는 공격발용 모드 전환 도구를 수납하고 있다. 오발 방지를 위해 가스 방출 밸브가 깊숙한 곳에 위치하도록 설계되어 안전성도 높다.

DATA
- 길이 : 704mm / 945mm (개머리판 펼칠때)
- 높이 : 265mm
- 폭 : 70mm
- 무게 : 3,500g
- 탄창 : 42발
- 가격 : ¥53,784

AK74M

가스블로우백 버전 AK74M. 볼트캐리어나 해머 주변등의 내부 부속들이 가스블로우백답게 리얼하게 구성되었다.

AKS74U

DATA
- 길이 : 502mm / 744mm(개머리판 펼칠때) ■높이 : 267mm
- 폭 : 75mm ■무게 : 3,320g ■탄창 : 42발 ■현지가 : ¥51,300

SBR버전의 AKS74U를 가스 블로우백으로 재현한 모델이다. 위의 AK74M이 가진 리얼한 구조에 더해 내구성 높은 개머리판이 특징이다.

KTR-03

DATA
- 길이 : 902mm / 987mm(개머리판 펼칠때)
- 무게 : 3,540g ■탄창 : 42발 ■현지가 : ¥58,968

현대화된 AK커스텀으로 유명한 크렙스 커스텀의 대표적인 모델이다. 그립 바닥부분 좌측에 부속된 갈릴 스타일의 조정간 레버는 실총처럼 조작할 수 있다.

AK의 전동건이라면 LCT의 AK시리즈를 빼놓을 수 없다. 아름다운 블루 표면처리의 스틸 프레 스제 리시버에 실총의 이미지를 살린 멋진 나뭇결의 핸드가드나 스토크가 부속된 최고 등급의 완성도를 자랑한다. AK의 전동 건들 중에서도 가장 많은 바리에이션을 자랑하 며, 어떤 애호가라도 납득할만한 기종을 선택할 수 있다. 버전3 기어박스도 커스텀 부품에 준하는 고급 부품들로 세팅되어 있기 때문에 성능면에서도 안정되어있다.

AK47／AK47S

리시버를 실총처럼 절삭가 공으로 만든 최신 버전. 여기에 더해 개머리판 고정방법, 가스블록이나 가스 실린더, 가늠쇠등의 부품들도 오리지널의 형태를 충실하게 재현했다.

DATA
- 길이 : 880mm(645mm ／ 890mm)
- 무게 : 3,750g(4,100g)
- 탄창 : 130발   - 현지가 : ￥89,800
- ※데이터는 앞이 AK47, 괄호 안이 AK47S

LCKM

실총을 연상케 하는 풀메탈 리시버나 AKM특유의 컴펜세이터, 실총과 같은 질감의 합판제 핸드가드와 스토크등을 장착하고 있다.

DATA
- 길이 : 913mm   - 무게 : 3,450g
- 탄창 : 600발

AMD65

AK의 클론 버전들 중 하나인 헝가리의 AMD65를 재현했다. 짧은 총열에 사이드 포트 타입의 소염기, 프레스제 총열덮개, 버티컬 포어그립, 사이드폴딩형 스토크등을 잘 재현했다.

DATA
- 길이 : 913mm   - 무게 : 3,450g
- 탄창 : 600발

M70AB2

가스 블록 부분에 플립업 타입의 총류탄 발사용 가늠자가 부착되어 있고 핸드가드의 구멍 숫자도 원래와는 다른 것이 M70AB2의 특징이다. 가늠쇠에는 접는식의 야광 가늠쇠도 리얼하게 재현되어있다.

DATA
- 길이 : 650mm ／ 910mm
- 무게 : 3,600g
- 탄창 : 600발

LCK104

AK104는 총열을 짧게 만든 AK103의 카빈 버전으로, 나팔형의 크린코프 타입 소염기를 짧게 줄인 소염기를 장착하고 있다.

DATA
- 길이 : 590mm / 835mm(개머리판 펼칠때)
- 무게 : 3,200g
- 탄창 : 130발

STK-74

LCT의 오리지널 AK커스텀. 잡기 쉬운 TDI타입 핸드가드에 STKBR 타입 폴딩 스토크(접절식 개머리판)을 장착했다. STKBR타입 스토크는 길이 조절도 가능하다.

DATA
- 길이 : 710mm / 915mm(개머리판 펼칠때 1,005mm)
- 무게 : 3,900g · 탄창 : 450발

TX-MIG

풀사이즈의 레일시스템과 쿠레인 스토크가 장착된 전형적인 모더나이즈드 커스텀 AK. 와플 패턴의 탄창이 부속되어있다.

DATA
- 길이 : 885mm / 970mm(개머리판 펼칠때)
- 무게 : 3,800g
- 탄창 : 130발

TX-S74UN

AK시리즈의 단축형 버전인 크린코프를 모티브로 만든 모더나이즈드 커스텀. 메탈 폴딩 스토크(금속제 접절식 개머리판)은 그대로 두고 레일 시스템을 추가했다.

DATA
- 길이 : 500mm / 730mm(개머리판 펼칠때)
- 무게 : 3,200g
- 탄창 : 130발

TX-63

TX-63은 헝가리제 AK를 모티브로 버드케이지(새장) 소염기, 레일 시스템, 목제 스토크&그립이 조합된 LCT에어소프트 오리지널 모델이다.

DATA
- 길이 : 910mm · 무게 : 3,550g
- 탄창 : 130발

전동건 AK시리즈

AK와 달리 실총처럼 거칠게 다듬어진 스타일이 특징이다. 두터운 스틸제 리시버는 실총같은 질감과 중후함이 느껴지며, 실총과 같은 검은색 표면처리가 되어있다. 수작업으로 마감된 목제 부품등 사용된 모든 부품들은 쓰면

쓸수록 리얼리티가 더해진다. 홈집따위 신경쓰지 말고 팍팍 쓰겠다는 궁극의 리얼 지향 AK라 할 수 있다.

군용 소총다운 무뚝뚝한 스타일은 그야말로 AK의 이미지 그 자체를 재현했다. 다른 업체들의

AK74N

세부에 걸쳐 리얼함을 추구한 E&L에어소프트의 대표적인 모델. 핸드가드와 개머리판은 실총과 같은 합판 재질이다. 탄창도 리얼한 수지 재질이다.

DATA
- 길이 : 965mm
- 무게 : 3,680g
- 탄창 : 400발

AK105

러시아의 구 이즈마쉬 조병창 제조 현대 AK중 AK74M의 카빈 모델인 AK105를 재현한 것. 스토크는 실총과 마찬가지로 사이드 폴딩 타입이다.

DATA
- 길이 : 695mm / 830mm(개머리판 펼칠때)
- 무게 : 3,380g
- 탄창 : 400발

AKMS

뛰어난 리얼리티를 자랑하는 E&L에어소프트의 AKMS. 사진은 CNC절삭가공으로 만든 원피스 실린더나 풀 스틸 기어등이 부속된 딜럭스 버전이다

DATA
- 길이 : 698mm / 901mm(개머리판 펼칠때)
- 무게 : 3,900g
- 탄창 : 400발

AIMS

AIMS는 루마니아제의 AKMS로, 자동사격에 도움이 되도록 하부 핸드가드에 버티컬 포어그립이 달려있으며 개머리판은 우측으로 접히는 사이드 폴딩 타입이다.

DATA
- 길이 : 698mm / 901mm(개머리판 펼칠때)
- 무게 : 3,900g
- 탄창 : 400발

AIMR

AIMS를 극한까지 짧게 만든 단축형으로, 개머리판도 없고 그 자리에 멜빵고리가 달려있다. 또 가늠쇠 부분도 단축형 사양으로 만들었다.

DATA
- 길이 : 538mm
- 무게 : 3,150g
- 무게 : 400발

AK104 PMC-E DX Ver.

PMC-E는 최근 수년간 러시아군 특수부대원들이 사용하는 것이 종종 목격되는 러시아의 커스텀 파트 메이커 ZENIT의 부품을 사용한 제품이다.

DATA
- 길이 : 835mm / 920mm(개머리판 펼칠때)
- 무게 : 3,890g
- 탄창 : 120발

AK104 PMC-C

카빈 사이즈의 AK104를 베이스로 상부 레일 탑재 레일 핸드가드를 장착한 모델. 소염기는 크린코프 타입이 장착되어있다.

DATA
- 길이 : 815mm / 898mm(개머리판 펼칠때)
- 무게 : 3,670g
- 탄창 : 400발

AKS74U MOD-C

컴팩트한 AKS74UN에 ZENIT타입 레일 핸드가드와 소염기를 장착. 스틸제 리시버에 금속제 핸드가드 레일이 달려있어 그만큼 무거워졌다.

DATA
- 길이 : 504mm / 741mm(개머리판 펼칠때)
- 무게 : 3,300g
- 탄창 : 400발

미국의 대표적 커스텀 AK 제작업체인 라이플 다이나믹스에 의해 제작된 AK커스텀을 재현했다. 스켈레톤 타입의 사이드 폴딩 스토크, MOE타입 그립이 장착되어있다.

RD701 택티컬 MOD-B DX Ver.

DATA
- 길이 : 680mm / 900mm(개머리판 펼칠때)
- 무게 : 3,700g
- 탄창 : 400발

을 피할 수 없는 전동건과 달리 실총과 같은 조작성이나 기본구조를 지녔기 때문에 분해나 소제도 실총과 같은 순서로 할 수 있는것이 가스 블로우백 모델의 매력이다. GHK의

AK시리즈는 해외 제품답게 리얼한 재질을 선정해 만들어졌으며 성능면에서도 매우 우수한 수준에 도달해 있다. 현재 가장 리얼한 AK시리즈라 해도 과언이 아니다.

모터나 배터리를 내장하기 위한 외관상의 변형

AK74MN

AK74의 개량형 AK74M이다. 폴리머제 핸드가드나 개머리판은 실총에 가까운 리얼한 질감으로 만든 매력적인 부품이다.

DATA
- 길이 : 705mm / 950mm(개머리판 펼칠때)
- 무게 : 3,330g
- 탄창 : 48발
- 현지가 : ￥73,440 (UFC)

AKM

DATA
- 길이 : 917mm
- 무게 : 2,600g
- 탄창 : 30발
- 현지가 : ￥70,200

AKMS

DATA
- 길이 : 905mm / 917mm
- 무게 : 2,650g
- 탄창 : 30발
- 현지가 : ￥73,440

프레스 가공을 채택해 생산성 향상과 경량화를 달성한 AK47의 개량형, AKM시리즈를 제품화했다. 리얼한 목제 핸드가드를 장착했고 AKM은 목제 개머리판, AKMS는 우측으로 접히는 사이드 폴딩 스토크 장착.

TYPE 56

중국제의 AK47인 56식 보총을 전동건으로 재현. 특징적인 총열 아래의 스파이크식 대검은 실총처럼 접었다 펼 수 있는 설계이다.

DATA
- 길이 : 878mm
- 무게 : 3,500g
- 탄창 : 150발
- 현지가 : ￥78,073

TYPE 56-2

56-2식은 사이드 폴딩 타입 스코프를 사용했고 스틸 프레스제 리시버나 폴리머제 핸드가드&그립이 장착되어있다.

DATA
- 길이 : 645mm / 880mm(개머리판 펼칠때)
- 무게 : 3,800g
- 탄창 : 150발
- 가격 : ￥72,673

애로우 다이나믹
전동건 AK시리즈

AKM

스틸로 만든 리시버에 합판 소재 핸드가드와 개머리판 등, 실총의 특징을 소재 차원에서도 전동건으로 충실하게 재현했다.

DATA
- 길이 : 916mm
- 무게 : 3,800g
- 탄창 : 600발

AKS-74N

AK-74의 사이드 폴딩 개머리판 버전을 재현. 핸드가드는 합판 소재로, 리시버는 스틸 프레스 가공으로 만들었다.

DATA
- 길이 : 715mm / 945mm(개머리판 펼칠때)
- 무게 : 3,800g
- 탄창 : 600발

AKS-74UN

마이크로 카빈의 선구적 모델이라 할 AKS-74UN. 나팔형 소염기, 리시버 커버 고정 힌지 겸 가늠자 등을 리얼하게 재현했다.

DATA
- 길이 : 520mm / 740mm (개머리판 펼칠때)
- 무게 : 3,200g
- 탄창 : 600발

AK-74 KTR레일

AK 모더나이즈드 커스텀의 선구자라 할 KTR(크렘스 택티컬 라이플)의 모델들 중에서도 4면 레일을 채용한 모델을 재현했다.

DATA
- 길이 : 644mm / 880mm(개머리판 펼칠때)
- 무게 : 3,700g
- 탄창 : 600발

UMF사이가 라이플

AK스타일의 산탄총 업체로도 유명한 사이가의 소총을 재현. 키모드 시스템을 도입한 핸드가드, SAW타입 그립, B5 SOPMOD BRAVO타입 스토크를 재현.

DATA
- 길이 : 936mm / 1,020mm(개머리판 펼칠때)
- 무게 : 4,080g
- 탄창 : 600발

CYMA
전동건 AK시리즈

CM048S AKMS

언더폴딩형 스토크가 특징인 AKMS를 전동건으로 재현했다. 측면에 손가락 얹는 자리가 추가된 핸드가드는 실총과 같은 합판 재질이다.

DATA
- 길이 : 661mm / 914mm(개머리판 펼칠때)
- 무게 : 3,400g
- 탄창 : 600발
- 현지가 : ￥42,984

CM048SU AKMSU

구 소련제 AK시리즈 중에서도 AKM을 베이스로 만든 AKMSU에 부속된 썸홀 타입 핸드가드를 장착한 모델이다.

DATA
- 길이 : 661mm / 914mm(개머리판 펼칠때)
- 무게 : 3,400g
- 탄창 : 600발
- 현지가 : ￥35,424

CM050 AK
AIMS루마니아

AIMS루마니아는 그 이름대로 루마니아에서 생산된 버전을 재현한 것이다. 특징은 버티컬 포어그립이 달린 목제 핸드가드가 장착된 것.

DATA
- 길이 : 700mm / 900mm(개머리판 펼칠때)
- 무게 : 3,300g
- 탄창 : 600발
- 현지가 : ￥40,824

CM050A
AIMS PMC

하부와 좌우에 레일이 장착된 핸드가드, 레일이 장착된 가스 튜브, 블랙 색상처리 된 그립, 사이드 폴딩 스토크 등이 장비된 PMC풍 커스텀.

DATA
- 길이 : 700mm / 900mm(개머리판 펼칠때)
- 무게 : 3,400g
- 탄창 : 600
- 현지가 : ￥40,824

CM200 AK47
라이트 에디션 전동건

CYMA의 AK47 라이트 에디션 전동건은 대부분의 부품이 플라스틱제이지만 강도는 충분하다. 전동건으로는 꽤 저렴한 가격대를 형성한 제품이다.

DATA
- 길이 : 870mm
- 무게 : 1,850g
- 탄창 : 500발
- 현지가 : ￥9,180

G&G아마먼트
전동건
RK시리즈

GOLD GKM

아랍 왕족이 주문한 금색 번쩍이는 AK를 이미지로 만든 GOLD AKM. 총열, 리시버, 탄창등 모든것이 금색이다. 개머리판, 핸드가드, 그립은 목제이다.

DATA
- 길이 : 915mm
- 무게 : 3,720g
- 탄창 : 600발

RK47

가장 기본이 되는 AK47을 전동건으로 재현. 스토크나 핸드가드, 그립은 실총과 같은 목제. 사이드 어댑터 레일이 표준장비되어있다.

DATA
- 길이 : 900mm
- 무게 : 3,070g
- 탄창 : 600발

GIMS

AK47의 해외 라이센스 버전중 유명한 축에 드는 루마니아제 AIMS를 모티브로 만든 GIMS. 와이어 타입의 사이드 폴딩 스토크, 버티컬 포어그립 핸드가드가 장착되어있다.

DATA
- 길이 : 920mm
- 무게 : 3,950g
- 탄창 : 600발

GKMS CARBINE

GKMS를 크린코프 사이즈로 단축한 것이 GKMS CARBINE이다. 크린코프형 소염기, 리시버 커버 상부로 옮겨진 가늠자, 썸홀 타입의 목제 핸드가드 장착.

DATA
- 길이 : 760mm
- 무게 : 3,200g
- 탄창 : 600발

RK104
ETU CRANE

RK104 CRANE모델의 컴팩트함, 사용 편의성등을 살리면서 총열, 리시버, 어깨받이등을 실전적인 탠색상으로 바꾼 것이 ETU모델이다. 서바이벌 게임용으로 가장 적합한 기종중 하나이다.

DATA
- 길이 : 895mm
- 무게 : 3,439g
- 탄창 : 600발

SPARK Industries
Black Dragon Series

Skull Hunter 16"에는 스트라이트 인더스트리
제 포어그립과 레일커버가 부속된다

SPARK Industries
Black Dragon
Skull Hunter 16"

좌우 어느 손으로
도 똑같이 조작 가
능한 앰비 차징 핸
들(좌우대칭 장전
손잡이)

철저한 경량화와 높은 반응속도를 실현한
하이스펙 커스텀

■가격 : Fortis night 10.3"M-LOK SBR ￥108,000 (본체+커스텀 공임+옵션 포함)
/Skull Hunter 16" ￥91,152 (본체+커스텀 공임+옵션 포함)
■시공업체: 에어소프트 97(일본)

에어소프트 97은 최첨단의 유행에 따른 하이퍼포먼스 커스
텀건을 내놓고 있는데, 여기서 내놓은 M4시리즈의 최신작이
"SPARK Industries Black Dragon" 시리즈이다. 여기서 소개하
는 두가지는 모두 최상급 커스텀 옵션을 적용하는 'Ultimate' 사
양이다. 특수모터 'Inazuma'를 장착하여 하이레스폰스 및 하이
사이클을 가능케 했고, 30m 거리에서 사람의 머리크기의 표적을
맞출 수 있는 정밀도를 실현하고 있다. 몸통에는 경량화를 위한
구멍을 대담하면서도 철저하게 가공하여 최고의 경량화를 달성
한 'Black Dragon' 리시버를 장착하여, 외관상의 임팩트 뿐 아
니라 실용성 측면에서도 뛰어나다.
이 두가지 모두 민간사양 M4를 이미지한 것으로, Skull Hunter
16인치에는 ALG 디펜스 타입의 M-LOK 총`에 16인치 총열,
맥풀타입 MOE그립과 개머리판을 결합하였고, 내장면에서도
GATE PicoSSR3 MOS-FET에 미니커넥터 및 마이크로 퓨즈를
저저항배선을 사용하여 연결하였다.
Fortis night 10.3인치 M-LOK SBR 버전은 RWA Fortis night
M-LOK레일, PTS EPG-C, DEFACTOR MFT BMS타입 개머리
판이 장착되어 있다.

기어박스가 밖에서 보일 정도로 경량화를 위한 구멍이 시공된 상부리시버

탄창결합부도 가능한 한도까지 경량화 가공이 되어 있다.

APS제 다이나믹 스트레이트 트리거를 사용

대형 탄창멈치를 사용하여 조작의 편의성을 높였다.

SPARK Industries
Black Dragon Fortis night 10.3"M-LOK SBR

Fortis night 10.3" M-LOK SBR에는 Fortis의 공식 라이센스를 취득한 M-LOK 핸드가드(총열덮개)가 부착되어 있다.

Fortis night 10.3" M-LOK SBR의 권총손잡이는 PTS의 EPG-C를 사용. 방아쇠는 CMC의 공식라이센스제품.

쇠에는 녹이 슬기 마련
배틀 데미지가공의 결정판

AIRSOFT97

LCT AKS47 「리얼 웨더링」 커스텀

에어소프트97의 AK 커스텀의 대명사라 할 배틀 데미지모델. 이 시리즈에 최근 리얼 웨더링사양이 추가되었는데, 몸통 및 탄창에 실제 녹을 슬게 만든 것이다. LCT 에어소프트 및 E&L의 금속제 부품에는 녹 방지를 위한 표면산화처리가 되어 있는데, 이 표면에 보기 좋을 만큼만 녹을 발생시킨 후 제거, 열처리 및 녹 방지처리를 가해 딱 보기 좋을

정도만 녹을 표현한다. 가동부분을 제거한 상태에서, 밖에 드러나지 않는 부분에는 녹을 발생시키지 않아 실용성을 건드리지 않고, 추가적인 녹도 발생하지 않도록 처리되었기 때문에 손상을 염려하지 않아도 된다. 또한 나무로 된 부품에도 이른바 빈티지 효과라 할 배틀 데미지 효과를 입혀 '소말리아 해적 사양' 이라 할 물건을 만들었다.

키모드+소음기 사양의
최신 컴팩트 AK 커스텀

AIRSOFT97

AKS74URD 556 커스텀

AK를 커스텀한 총기 가운데 라이플 다이나믹스의 건스미스 Jim Fuller씨가 소유하고 있는 AKS74URD가 유명한데, 이를 모티브로 한 제품이다. 크린코프를 베이스로 카빈급 길이에 해당하는

AK102의 총열을 결합하고 풀사이즈 키모드 AK핸드가드, 맥풀 CTR타입 개머리판, PTS US 팜 AK 배틀그립, 556스타일의 반투명 탄창을 조합하였다.

'소말리아 해적 사양'의 목제부품. 좌우에 다른 형태의 홈집을 내어 더욱 리얼하게 하였다

제대로 녹이 입혀진 탄창. 이 정도면 예술이다.

녹 이외에도, 실제 사용시에 고열이 발생하는 부분에는 실제로 별도의 열처리를 통해 변색 효과를 내고 있다.

■가격: 본체 ¥80,460 / 외장분해 공임 ¥3,240 /
녹 느낌 가공 ¥27,216 /
목제 부품/빈티지 가공 B 3점세트
(핸드가드, 스토크, 그립) ¥17,280 /
목제 부품/금속 홈집 가공 ¥9,180 /
추가 홈집 가공(해적 사양) ¥9,180
＊본체가 스틸에 블랙 산화처리가 된 기종만 수주
(LCT에어소프트, E&L)
＊일반적인 커스텀 내용이 아닌 가공이므로 시공하는
내용 및 기종에 따라 가격이 변동됩니다
■시공업체: 에어소프트 97(일본)

크린코프의 가늠자를 그대로 둔 채로 상부 레일에 T2타입 도트사이트를 마운트했다.

오리지널보다 약간 짧아진 총열에 SUREFIRE SOCOM556 RC타입 6.2인치 모의 소음기를 장착.

핸드가드는 Hephaestus의 크렙스 UFM + UltiMAK 타입의 AK용 키모드 핸드가드세트를 선택.

■가격: 오픈
■시공업체: 에어소프트 97(일본)

EMG Falkor AR-15 RECCE

「다크니스 썬더」

최신 커스텀 트렌드를
잘 조합한 서바이벌 게임 웨폰

TEXT&제작 : 보스게릴라

최근에는 짧고 가벼운 모델이 인기가 있고, 다루기 편한 쪽을 중시하는 경향이 있다. 하지만 여기서는 일부러 유행과는 정반대의 총기를 베이스로 삼고 싶어졌다. 그래서 찾은 것이 무게감이 있고 근미래적인 이미지의 EMG Falkor AR-15 RECCE이다. 이 총은 핸드가드가 M-LOK사양이고, 리시버에 레이저 각인이 되어있는 리얼타입이다. 외관도 좌우대칭형 조정간이나 탄창멈치등이 좌우에 설치되어 있는 최신형의 M4계열이다. 이 총의 각종 부품에 세라코트 처리까지 실시해서 액센트를 주는 것으로 마무리하는 방향으로 커스텀 건을 만들기로 했다.

사용된 베이스 총기와 커스텀 파트

EMG
Falkor AR-15 RECCE
（¥45,360 ／ FOUR STAR）

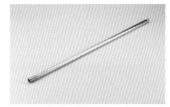

메이플 리프 「크레이지 제트
인너 배럴 363mm」
（ ¥6,264 ／ OPTION No.1 ）

킹암스
「Ver.2기어박스용 FET키트」
（ ¥6,800 ／ BURST-HEAD ）

앙스 「0.9J스프링 L
인너 배럴 300mm용」
（ ¥1,575 ／ ANGS ）

G&G아마먼트
「25000 이플릿 모터」
（오픈）

G.A.W.
「FRUS-Oリング」
（ ¥464 ／ G.A.W. ）

파이어플라이
「전기 메기/중간 맵기」
（ ¥1,296 ／ 파이어플라이 ）

파이어플라이
「전기 해파리/최저 맵기」
（ ¥1,728 ／ 파이어플라이 ）

PTS 「FORTIS
쇼트 버티컬 그립M-LOK」
（오픈 ／ PTS ）

PTS 「Enhanced 레일 섹션/
M-LOK(9슬롯/11슬롯)」
（오픈 ／ PTS ）

NB 「HARTMAN MH1스타일
레드 도트 리플렉스 사이트」
（ ¥9,800 ／ 버스트헤드 ）

PTS 「EPM 150Rds
Magazine For M4」
＋
PTS 「EPM 베이스플레이트」
（둘 다 오픈 ／ PTS ）

세라코트를 입힌다

가공할 부품들을 세라코트 전문업체에 가져갔다. 모든 부품은 분해할 필요가 있다.

색상 견본도 있으므로 원하는 색을 고른다. 필자가 고른 색은 H246 Desert Gold.

주의사항이나 동의서등을 체크. 여기에 사인하면 본격적인 가공이 시작된다.

부품들을 세척액에 넣어 기름등을 제거한다.

샌드블래스트로 원래 도색을 벗겨낸다.

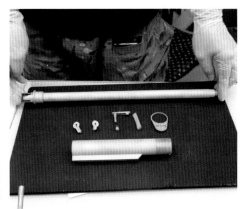

샌드블래스트로 도색이 제거된 부품들. 여기에 이제 세라코트 처리를 하게 된다.

균일한 피막이 생기게끔 잘 뿌린다.

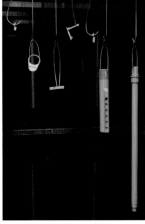

도장이 끝나면 고온으로 건조.

완성된 세라코트 처리 부품. 실제 가공 작업에는 짧아도 1주일 정도 걸린다고 하며 작업별로 소요 시간도 다르다.

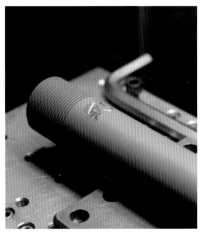

버퍼 튜브(스토크 봉)에 나에게 맞는 레이저 각인도 해 준다. 암스 매거진 팀인 게릴라릴라 팀 각인.

레이저 각인으로 재현한 해골 마크. 매우 세밀하게 완성되어있다. 이건 손으로는 할 수 없다.

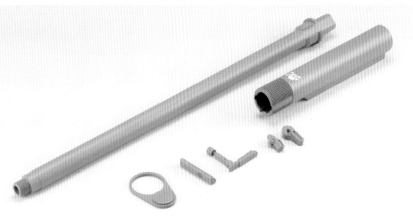

세라코트 처리가 된 아우터 배럴, 스토크 봉, 조정간, 탄창멈치, 베이스 플레이트.

조립과정

배럴 렌치가 필수품이다. 이게 있어야 분해와 조립 모두 훨씬 쉽게 끝낼 수 있다.

델타 링에 나사를 꽂아넣는다.

핸드가드를 장착한다. 자동차에 휠을 장착하듯 토크를 지켜가며 고정하는 것이 중요한 포인트이다.

상부 리시버 부분 완성. 아우터 배럴은 단단하게 고정되어 있으므로 유격도 없고 튼튼하다.

피스톤 내부는 기름투성이. 정밀도가 안 나온다.

USB로 충전가능한 HARTMAN MH1스타일 도트 리플렉스 사이트. 렌즈도 크고 보기 쉬워 추천할만한 기종이다.

탄피배출구 커버의 흰색 글씨나 DESERT GOLD색상으로 세라코트 처리된 부품이 총을 돋보이게 해 준다. 커스텀 건을 만들 때 모든 것을 바꿀 필요 없이 이런 포인트를 잡아서 돋보이게 해 줘도 멋있다.

스토크 봉에 새겨진 게릴라라릴라 군단의 해골 마크. 레이저를 이용한 각인 덕에 정밀도가 높게 나왔다.

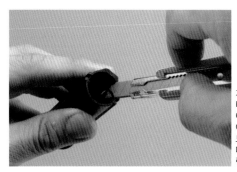

피스톤이나 기어에 브레이크 클리너로 기름이나 기타 불순물을 씻어낸다.

피스톤의 내부를 커터로 살짝 깎아준다. 이 정도로도 스프링이 꼬이는 문제를 어느 정도 줄일 수 있다. 오링도 FRUS-O링으로 바꿨다.

King Arms의 FET기어를 조립했다. 납땜등의 작업 없이 그냥 끼우면 되는 편리한 제품이다.

하부 프레임의 조립. FET의 배선을 처리할 때 조심할 필요는 있다.

스토크 봉으로 배터리 커넥터가 나오게 한다.

완성!

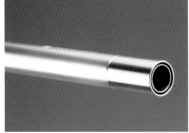

인너 배럴은 크레이지 제트 인너 배럴(363mm)로 바꿔준다. 앞부분이 2중 구조로 되어있는 것이 이 제품의 특징이다.

챔버 주변에는 전기 메기 중간 맵기와 전기 해파리 순한 맛(둘 다 홉업및 챔버 고무)을 세팅하면 완벽하다. 네 곳의 돌출부로 가해지는 절묘한 홉업 회전을 맛볼 수 있다.

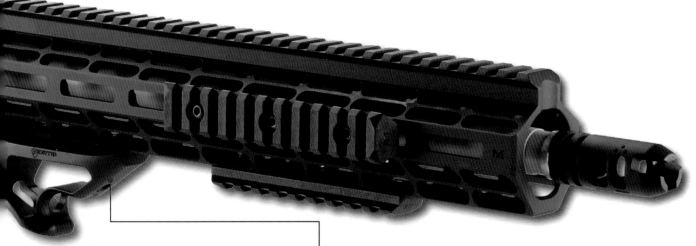

PTS EPM 150rds 탄창에 PTS EPM 베이스 플레이트(탠 색상)을 장착했다. 이미지를 바꾸는 효과도 있다.

PTS FORTIS 쇼트 버티컬 그립 장착. M-LOK으로 직접 장착되는 물건으로, 그립감이 높아졌다.

M4A1 MWS
SBR컨버전

라이락스제 커스텀 파트로
외관도 기능성도 모두 향상

가스블로우백 제품의 상식을 뛰어넘는 실사성능과 높은 실용성으로 인기를 얻은 도쿄 마루이의 M4A1 MWS시리즈. 여기서는 라이락스에서 출시된 M4A1 MWS용의 커스텀 부품들을 이용해 이 총의 겉모습을 꾸며봤다. 아우터 배럴의 길이를 여러 단으로 분리해 자유롭게 조절할 수 있는 8웨이 아우터 배럴(한정판인 세라코트 스테인레스 색상 버전)을 사용했고, 길이 11인치의 핸드가

드에 맞춰 아우터 배럴 길이도 최대(12.5인치)로 설정했다. 조작성 향상을 위해 좌우대칭형 탄창멈치와 연장형 노리쇠 멈치(익스텐디드 볼트 릴리즈: 참고로 탄창멈치도 노리쇠멈치도 본서 편집 시점에는 시제품 상태)를 장착했다. 사이트는 중-근거리를 커버하기 위한 쇼트 스코프로 선택했다. 다루기 편하면서 조준도 편한 다용도 커스텀 건으로 마무리했다.

사용된 베이스 건과 커스텀 부품

라이락스
「NITRO.Vo키모드용 핸드 스톱
/블랙」 (￥2,160)

도쿄 마루이
가스 블로우백
M4A1 MWS
(￥64,584)

라이락스
「M4A1 MWS용 익스텐디드 볼트 릴리즈」
(참고품)

라이락스
「GARUDA 리얼 스타일 소염기
(세라코트 ver/스테인레스)」 (￥7,020)

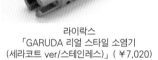

라이락스
「퀸테스센스 사이드 클램프
스코프 마운트(스크루 타입)」
(￥10,584)

DYTAC
「SLR 11"ION Lite
Keymod 레일 BK」
(￥15,120 / UFC)

라이락스
「사이트론 저팬 밀스-펙 스코프
RS1-4×24mm SHORT SCOPE SOL」
〈 Quintes sence MIL 〉」 (￥37,260)

라이락스 「FIRST FACTORY 도쿄 마루이 M4A1 MWS용 8웨이 아우터 배럴
(세라코트 ver/스테인레스 색상)」 (￥17,064)

핸드가드는 실총의 유행에 따라 핸드스톱을 장비했다.

좌측에서 조작 가능한 좌우대칭형(앰비) 탄창멈치나 연장형(익스텐디드) 노리쇠 멈치(둘 다 시제품). 좌우 어느쪽 손으로도 신속하게 조작할 수 있다.

12.5인치의 아우터 배럴과 11인치의 핸드가드를 조합한 것은 보기에도 균형이 잡혀보인다.

라이락스 퀸테스센스 사이드 클램프 스코프 마운트는 RS1~4×24mm 쇼트 스코프 「SOL」용으로 디자인되었기 때문에 어색하지 않게 장착이 가능하다.

라이락스 「M4A1 MWS용 앰비 매거진 캐치」 (참고품)

PTS 「EPS-C」 (오픈)

PTS 「EP BUIS」 (오픈)

차세대 전동건 **AK102**

스페셜 포스 모디파이드

차세대 전동건, AK102를
라이락스 커스텀 파트로 더 멋지게

도쿄 마루이의 차세대 전동건 AK102는 대형 소염기나 액세서리 레일이 달린 핸드가드가 표준 장비되어있는 모더나이즈드(현대화) AK커스텀이다. 이런 AK102를 라이락스에서 출시된 커스텀 부품들로 더욱 업그레이드한 것이 이 커스텀 건이다. 최대의 특징은 애니메이션이나 게임등에서 활약하는 메카닉 디자이너를 기용해 만든 AK키모드 핸드가드로, 핸드가드와 매그웰이 일체형으로 만들어진 스타일이 인상적이다. 그리고 여기에 소개된 샘플들은 다크 브론즈 색상의 세라코트 처리가 되어있다. 커스텀 조정간, 커스텀 그립(시제품), 스토크 베이스 플레이트가 그것. 개머리판은 KRYTAC의 M4용이다. 이렇게 AK102를 더욱 실용적으로 마무리했다.

소염기는 원래 달려있는 마루이 순정품을 사용.

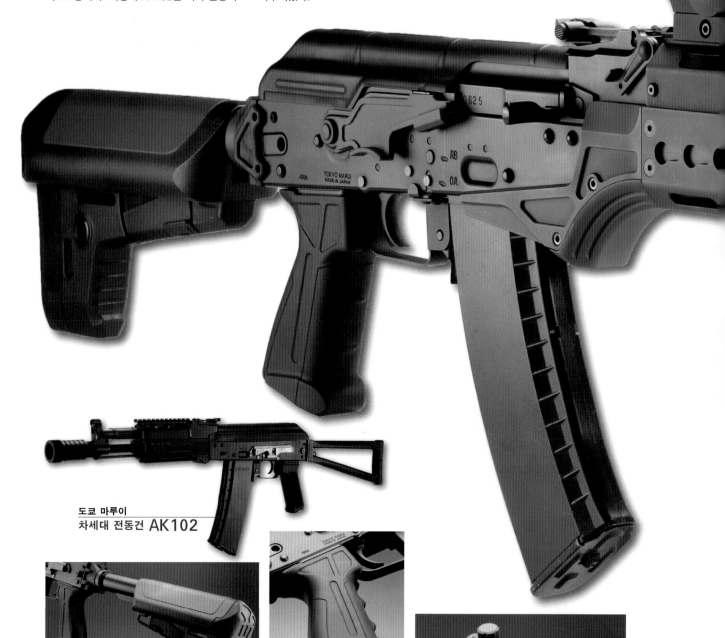

도쿄 마루이
차세대 전동건 AK102

스토크(개머리판)은 마루이 차세대 AK스토크 베이스 세트(스토크 봉 포함)로 바꾼 뒤 여기에 KRYTAC M4 스토크를 장착했다. 원래보다 더 견착이 단단해졌다.

그립은 커스텀 그립(시제품) 장착. 가늘고 각이 진 오리지널보다 더 잡기 쉬워졌다.

상부 핸드가드 에는 도트사이트 Evil Killer 07(Quintes Sence MIL)을 탑재했다.

조정간 레버에는 FIRST FACTORY 도쿄 마루이 차세대 AK커스텀 조정간(현지가격 ¥4,104)을 채택. 오른손 검지로 조정간을 조작할 수 있다. 핸드가드와 마찬가지로 다크 브론즈 컬러로 색을 바꿨다.

현역 SF 메카닉 디자이너가 디자인한 「AK 키모드 핸드가드(현지가격 ¥21,384)」은 실총의 핸드가드와는 또 다른 느낌의 근미래적인 디자인이 특징이다.

핸드가드로부터 포어그립과 매그웰까지 흘러가듯 일체형으로 디자인되어 있다. 표면에는 다크 브론즈 색상으로 세라코트 처리가 되어있다.

포어그립으로는 「NITRO.Vo 키모드 컴팩트 포어그립(현지가격 ¥3,780)」을 선택했다.

레이저 모듈(더미)를 장착하기 위해 「NITRO.Vo 멀티 레일 미들(현지가 ¥1,944)」 장착.

차세대 전동건 AKS74U용의 「NITRO. Vo 차세대 AKS74U 키모드 레일 핸드가드(현지가 ¥18.144)」. 핸드가드 내부에 미니 배터리를 수납할 수 있게 만들어진 디자인이다.

스탠다드 전동건 AK47β 스페츠나즈나 하이사이클 전동건 AK47HC를 위해 만들어진 「NITRO.Vo AK47β 스페츠나즈 키모드 레일 핸드가드(일본 현지가 ¥15,984)」. 이걸 장착하면 확장성이 대대적으로 향상된다.

139

AK "Sledgehammer"

M4에게 이기는 AK를 만들자!

꾸준한 인기를 자랑하는 AK. 하지만 원래 상태로는 확장성따위 없고, M4에게 전혀 당하지 못한다. 그래서 M4를 뛰어넘는 AK를 목표로 AK의 단점을 철저하게 조사했다. M4에게 이기려면 조작성을 중시한 커스텀 작업을 실시할 수 밖에 없다. AK를 사랑하는 암스매거진 전속 「총기업계의 혁명전사」 보스게릴라가 LCT에어소프트의 LCKMS를 베이스로 최고의 AK커스텀을 만들었다.

TEXT&제작 : 보스게릴라

:: AK는 M4보다 못하다고？

이번에는 AK를 베이스로 M4에게 이길 수 있는 커스텀을 제작하기로 했다. 먼저 AK에 어떤 커스텀을 할지 생각하도록 하자. 실총, 에어소프트 가리지 않고 M4와 비교되는 경우가 많은 총이 AK이다. 구경의 차이에 따른 위력의 차이는 그렇다 치고, 에어소프트에도 공통적인 부분을 살펴보면 여러 부분에서 M4에게 뒤쳐진다. 특히 조작성이라는 면에서는 아무래도 M4에게 뒤쳐진다. 또 초보자가 사용하기에도 독특한 조작법을 요구하는 AK는 M4에 비해 불리한 면이 적잖이 존재한다. 여기에 더해 이번에 커스텀의

베이스로 사용하는 LCT의 LCKMS는 약 4kg에 달하는 무게를 가지고 있다. 서바이벌 게임에 쓰기 편하다고는 못한다.

하지만 AK에는 M4에 없는 매력도 있다. 그 중 하나가 높은 내구성이다. 분명 무겁지만 그만큼 강도가 높고 서바이벌 게임에서 부딪히거나 떨어지거나 해도 리시버가 깨지거나 아우터 배럴이 휘는 등의 문제가 없다. 또 탄창이 큰 만큼 기본형 탄창도 다연발 태엽식 탄창도 M4보다 용량이 크다는 점 역시 매력적이다. 게다가 AK소총을 서바이벌 게임에 사용하는 사용자들

은 「AK가 너무 좋아서 어쩔 수 없는」 수준의 핵심 애호가들이 많다. AK에는 사람을 끌어들이는 매력이 있는 것이다.

그래서 이 커스텀은 AK의 내구성이나 장탄수, AK스러운(?) 외관을 살리면서 약점인 조작성의 향상을 목표로 삼았다. 여기에 더해 확장성이 적다는 문제도 제대로 커버하는 것으로 구식이라고 여겨졌던 AK를 M4에도 이기는 총으로 재탄생시켰다.

AK의 장점
- 프레임이 스틸이라 강도가 높다
- 리얼한 질감과 무게
- 탄창이 커서 장탄수가 많다
- 쓸데없는 부품이 적은 합리적인 설계
- AK라는 총 자체의 아이덴티티에 이끌린다

AK의 약점
- 커스텀 부품이 적다
- 조준이 어렵다
- 서바이벌 게임에는 불편한 무게
- 도트사이트나 웨폰라이트등을 장착하기 불편하다

사용된 베이스건과 커스텀 파트

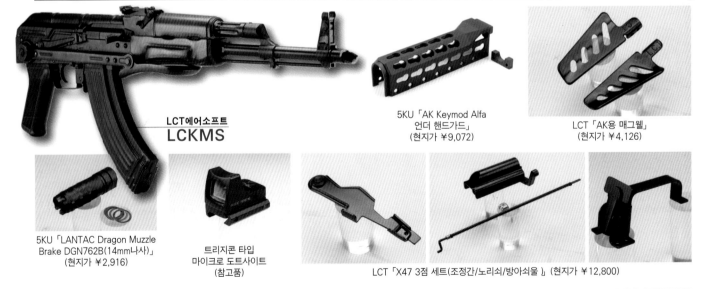

LCT에어소프트
LCKMS

5KU 「AK Keymod Alfa 언더 핸드가드」
(현지가 ￥9,072)

LCT 「AK용 매그웰」
(현지가 ￥4,126)

5KU 「LANTAC Dragon Muzzle Brake DGN762B(14mm나사)」
(현지가 ￥2,916)

트리지콘 타입 마이크로 도트사이트
(참고품)

LCT 「X47 3점 세트(조정간/노리쇠/방아쇠울)」 (현지가 ￥12,800)

다이나믹 스타 「AK미니도트 마운트」
(현지가 ￥7,500)

PTS 「US팜 AK 그립 (AEG)」
(오픈)

PTS 「US팜 AK용 탄창」
(오픈)

KRYTAC 「키모드 대응 레일」
(현지가 ￥3,456)

NITORO.Vo 「키모드 레일 아머, 사이즈 M, 레드」
(현지가 ￥3,024)

핸드가드의 커스텀

핸드가드는 원래 합판 재질(목제)이므로 질감이 매우 좋다. 하지만 확장성은 사실상 없기 때문에 문제다. 그래서 아래 핸드가드를 키모드 사양으로 교체해 확장성을 확보한다. AK라는 총의 정체성을 지키기 위해 위쪽의 목제 핸드가드는 남기는 방향으로 커스텀 작업을 진행했다.

오른쪽 위에 있는 핸드가드 고정 멈치(핸드가드 래치)를 돌린 뒤 핸드가드를 들어 올린다. 핸드가드와 함께 가스 튜브도 딸려간다.

청소용 꼬질대(클리닝 로드)를 제거한 뒤 하부 핸드가드 바닥에 있는 레버를 회전시켜 하부 핸드가드를 제거한다. 레버는 쉽게 안 움직이므로 도구를 이용하는 편이 좋다.

이렇게 해서 핸드가드 제거 끝. 실총과 같은 방법으로 제거되기 때문에 특수한 전문 공구는 필요 없고, 초보자라도 간단하게 분해할 수 있다.

5KU AK 키모드 알파 상부 핸드가드에 크라이택에서 만든 키모드 대응 레일을 장착한다. 키모드는 전용 레일이 없으면 뭔가 장착하기 어렵다. 구멍에 끼운 뒤 옆으로 밀어넣고 렌치로 나사를 조여 고정한다.

여기 추가된 키모드 레일 아머는 알루미늄 합금으로 만든 부품이다. 에어소프트건을 멋지게 해 주는 부품으로, 사이즈나 색상도 다양하게 판매되고 있다.

5KU 키모드 알파 하부 핸드가드는 좌우에 6면의 키모드 시스템이 뚫려있으므로 레일을 이곳에 붙이는 것으로 라이트나 레일 등의 각종 액세서리 장착을 통한 확장성을 얻을 수 있다.

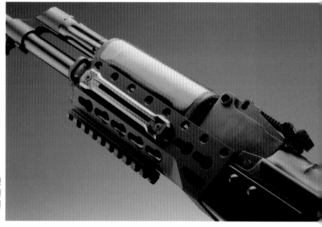
기본형 상부 핸드가드를 다시 붙여 완성했다. AKM이라는 총의 정체성을 남기면서 확장성이 대폭 향상되었다. 이렇게 현대화된 AKM으로 재탄생했다.

가늠자 분리방법과 커스텀 방법

가늠자는 탄젠트식으로, 얼핏 보면 사거리에 따라 탄착점을 조절할 수 있는 우수한 조준수단처럼 여겨진다. 하지만 실제로 써 보면 보기도 불편하고 초보자에게는 상당히 다루기 불편한 물건이다. 그래서 가늠자 부분에 도트사이트를 대신 장착해 신속한 조준을 가능하게 했다.

가늠자를 강하게 눌러 스프링의 텐션을 억제하면서 떼어낸다. 이 때 스프링의 힘이 상당히 강하기 때문에 힘을 상당히 주어야 한다.

미니 마운트레일은 그대로 장착할 수 있다. 좌우의 나사로 마운트 위치를 미세조정한다.

여기서 사용한 도트사이트는 트리지콘 타입의 마이크로 도트사이트다. 마운트가 피카티니 레일 규격이라 이것 말고도 다양한 사이트 장착이 가능하다.

조정간의 부착 방법

기본형 조정간은 레버의 돌출부가 작은데다 총 오른편에 있기 때문에 오른손으로 권총손잡이를 잡은 상태에서는 오른손 조작이 불가능하다. 그래서 신속한 조작이 가능한 대형 조정간으로 교체하기로 했다.

조정간을 제거할 때에는 조정간 핀을 좌측으로 돌리며 제거한다. 상당히 단단하게 고정되어있기 때문에 필요하면 펜치등의 도구를 사용해 돌려야 한다.

위가 오리지널, 아래가 LCT X47 조정간(셀렉터 플레이트). 신속한 조작을 위해 X47에는 아래쪽이 새로 연장되도록 재디자인되었다.

X47 조정간을 부착하면 신속하게 조정간을 조작할 수 있게 된다. 다만 이것이 부착되면 접절식 개머리판을 접지 못할수도 있으니 주의할 것.

노리쇠의 교환

리시버 커버는 실총과 마찬가지로 제거할 수 있다. 레일 부착형 커버로 바꾸면 좋지 만, 여기서는 원래의 부품을 일부러 그대 로 사용한 다음 볼트(노리쇠)를 바꾸는 방 법으로 장전손잡이를 더 큰 것을 선택해 조작성을 높이기로 했다.

스프링 가이드를 누르면서 리시버 커버를 제거한다. 단단하게 고정되어 있기 때문에 조심해서 떼어내도록 한다.

리코일 스프링 가이드와 리코일 스프링 은 일체형이다. 그 다음 리코일 스프링 에 달려있는 나사를 풀어 볼트를 제거 하면 된다.

왼쪽이 오리지널, 오른쪽이 X-47 볼트. X-47 에는 원활한 조작을 위해 손잡이 형태가 더 큰 것으로 바뀌어있다.

이걸 장착하면 볼트 조작이 더 쉬워지므로 서바이벌 게임에서의 가변흡업 조작도 그 만큼 쉬워진다.

소염기의 교체

살짝 비스듬한 각도로 장착되어 있는 원래의 죽창(?)형 소염기를 커스텀 제품으로 바꾸면 보다 스타일이 살아난다.

소염기를 떼어낼 때에는 고정핀(리테이너 핀)을 누르면서 돌린다. 나사가 역나사이므로 시계 반대 방향으로 돌려야 한다. 소염기는 5KU LANTAC Dragon Muzzle Brake DGN762B를 장착해서 모더나이즈드 AK로 변신시킨다.

조준장치
AK의 가늠자는 보기 힘들다는 약점이 있는데, 이것을 마이크로 도트사이트로 바꿔 신속한 조준이 가능하게 해 준다.

그립
US Palm 그립은 기본형보다 잡기 편한데다 표면에 미끄럼 방지 가공까지 되어 있어 좋다.

조정간
조정간 부분은 부품의 보강및 재 디자인으로 신속한 모드 전환이 가능하게 개량되었다.

그립의제거와
커스텀

원래의 그립은 체커링은 되어있어도 잡기 편하다고 하기에는 무리가 있 다. 그래서 이 문제를 해결할 수 있 는 커스텀 그립으로 교환해서 더 잡 기 편하게 했다.

그립 뒤쪽을 십 자 드라이버로 돌리는 것 만으 로 간단하게 떼 어낼 수 있다.

원래의 트리거 가드(방아쇠울)을 떼어내려면 고정하는 6각 나사 를 제거할 필요가 있다. 이 부분은 꽤 모서리가 날카롭기 때문에 작업 도중 상처가 나지 않게 주의.

대형의 탄창멈치가 달려있는 X47 방아쇠울(트리거 가드)로 바꾼 다음 AK매그웰을 부착한다. 이렇게 하면 탄창이 신속하 고도 확실하게 장착된다. 나사는 원래 총에 달려있던 것 대신 매그웰에 부속된 긴 것을 사용한다.

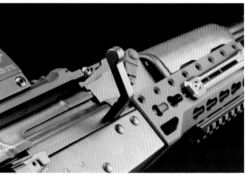

장전손잡이
X-47 볼트는 원래의 것보다 장전손잡이가 크고 조작성이 향상됐 다. 구식이라는 느낌도 없어지고 현대적인 AK 커스텀으로 변신했다.

마지막으로 PTS의 US팜 AK 그립을 장착한다. 이 편이 원 래의 그립보다 잡기가 훨씬 편하다.

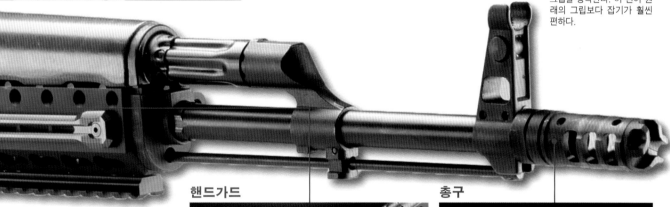

탄창

LCT의 매그웰과 PTS의 US팜 탄창은 궁합이 아주 잘 맞는다. 탄창이 흔들림 없이 단단하게 제 자리 에 고정된다.

핸드가드

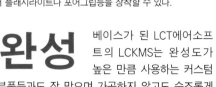

각종 커스텀 부품을 장착한 덕분에 확장성이 크게 높아졌다. 이제 부터 플래시라이트나 포어그립등을 장착할 수 있다.

총구

SKU LANTAC Dragon Muzzle Brake DGN762B는 스틸 제품. 머즐 브레이크 디자인이 진화하는 것을 알 수 있다.

완성 베이스가 된 LCT에어소프 트의 LCKMS는 완성도가 높은 만큼 사용하는 커스텀 부품들과도 잘 맞으며 가공하지 않고도 순조롭게 조립이 진행된다. 원래는 M4용 개머리판에 맞는 스토크 봉을 장착해볼까도 생각했지만, 내구성을 생각하면 약간 불안하기도 하거니와 지나치게 M4 에 가까운 디자인이 되는 것도 AK의 정체성에는 좋지 않다고 생각해서 기본형 언더폴딩 스토크를

그대로 썼다. 사실 얼마 전까지만 해도 AK용의 커 스텀 부품은 정말 종류가 적었고 M4용의 부품을 가공해서 AK에 장착하는 경우도 많았다. 하지만 최근에는 AK용으로 발매된 커스텀 부품의 종류도 많이 늘어난 것을 실감하고 있다. 그 덕분에 예전 같으면 어려웠을 이번과 같은 커스텀도 간단하게 할 수 있게 되었다. 특히 이번에 소개한 커스텀 부 품들은 별도 가공 없이도 쉽게 장착되므로 초보자 라도 어렵지 않게 작업할 수 있다.

GBLS
GDR-15 (DAS M4)
전동건의 한계에 도전

제품 문의 : GBLS
(http://www.gbls.co.kr)

GDR-15의 중요한 특징중 하나인 볼트캐리어(노리쇠뭉치). 실물과 같은 사이즈와 형태로 만들어졌으며 펌프 유닛(피스톤+실린더+스프링)이 모두 내장되어 있어 유지보수라는 측면에서도 상당히 유리한 디자인으로 되어있다.

아마도 M4카빈 계열(AR계열) 에어소프트 제품들 중 가장 이색적인 제품이 GBLS에서 발매한 GDR-15, 일명 DAS M4카빈일 것이다. DAS는 Dynamic Action System의 약자로, 모르고 본다면 시중에 흔한 또 하나의 전동건처럼 여겨질 수도 있다.

하지만 이 총은 절대 그런 흔한 총이 아니다. 해외 메이커에서 내놓은 차세대 전동건등의 부류와도 한 획을 긋는다. 전동건들 중에도 블로우백 액션이 가능하거나 이를 통한 리코일 쇼크(반동)를 제대로 맛볼 수 있는 기종은 현재 몇가지가 있으나, GBLS의 DAS시스템은 여기에 더해 조작과 분해, 부품구성의 리얼리티라는 세 마리 토끼를 같이 잡았기 때문이다.

GDR-15는 실총과 동일하게 분해가 이뤄진다. 심지어 노리쇠뭉치(볼트캐리어)까지 총 밖으로 실물처럼 빠지며 그 형태도 리얼하다. 장전과 재장전 과정도 실총처럼 노리쇠뭉치를 당기고 탄창멈치와 노리쇠멈치를 조작해야 하며 후퇴고정까지 실총처럼 이뤄진다. 지금까지 여러 종류의 전동건이 나왔지만 이처럼 GBB(Gas Blow Back) 수준을 능가하는 리얼리티를 달성한 제품은 이것이 유일하며 실물의 훈련용으로도 매우 요긴하다.

실물 사이즈의 노리쇠뭉치가 빠르게 왕복하면서 발생하는 리코일 쇼크도 쇼크지만, 실사면에서도 우수하다. 특히 전원이 없을 때에도 노리쇠뭉치를 후퇴시키면 피스톤이 시어에 맞물려 에어코킹건이 되는 기능은 연습등의 상황에 매우 요긴하다.

개머리판(PTS EPS)에는 11.1v의 리튬 폴리머 개머리판을 넣을 수 있는 공간이 있다.

실물처럼 배럴 익스텐션의 로킹 에어리어가 제대로 재현되었다. 에어소프트 전체에서 이 정도 재현된 경우는 없을 듯?

탄창은 60발이 들어가
며 노리쇠 후퇴고정 기
능까지 있기 때문에 타
기종과의 호환성이 없
는 전용 탄창이다.

실물과 마찬가지로 노리쇠의 홀드오픈(후퇴고정)이
가능한 점도 GDR-15의 중요한 특징이다. 실물 사
용자용 트레이닝 웨폰으로도 충분히 사용 가능한 조
작의 재현도라 할 수 있다.

　기어박스도 기존의 전동건 기어박스와는 전혀 다
른 독자 설계다. 펌프 유닛이 노리쇠뭉치에 있기
때문에 기어박스도 마치 실물의 트리거 유닛처럼
하부 리시버 내에만 완전히 수납되는 컴팩트한 구
성으로 만들어진 것이 특징이다.

제원 Specification	
길이	808/873mm
배럴 길이	365mm
무게	약 3kg
탄창용량	60발
배터리	11.1V(Li-Po)

핸드가드는 PTS 센츄리온 암스 CMR 13.5인치가 장착되어 있다. M-LOK으로 확장
성을 확보했으며 QD타입 슬링용 장착 구멍도 앞뒤로 나 있어 선택이 가능하다.

실물과 같은 기본분해(테익다운)이 가능한 것
도 DAS M4(GDR-15)의 중요한 특징. 상부
만을 교체해 목적에 맞게 바꾸거나 운반시 분
해하여 부피를 줄이는 등 편리하게 응용이 가
능한 특징이기도 하다.

노리쇠뭉치와 장전손잡이의 구성및 분해방법
도 실물과 같다.

M4 vs. AK

Arms MAGAZINE SPECIAL ISSUE

HOBBY JAPAN MOOK

STAFF

WRITER
SHIN

Hiro SOGA

青木博
Hiroshi AOKI

IRON SIGHT

COVER PHOTO
SHIN

COVER DESIGN
大久保徳子
Noriko OHKUBO

DESIGN WORKS
菅原 大資
Daisuke SUGAWARA (TURBo)

大久保徳子
Noriko OHKUBO

PHOTOGRAPHER
玉井久義
Hisayoshi TAMAI

EDITOR
狩野大輔
Daisuke KANO

稲葉健志郎
Kenshiro INABA

中嶋悠
Haruka NAKAJIMA

M4 vs. AK

2019 년 11 월 16 일 초판발행
한국어판 발행 : 멀티매니아 호비스트
http://militarybook.co.kr/
무단전재 및 복제를 금합니다 .

©HOBBY JAPAN
Korean version: by Multimania Hobbist
ISBN 978-4-7986-1743-5 C9476